매스매티카를 활용한
수학·물리 놀이하기 2

박준현 지음

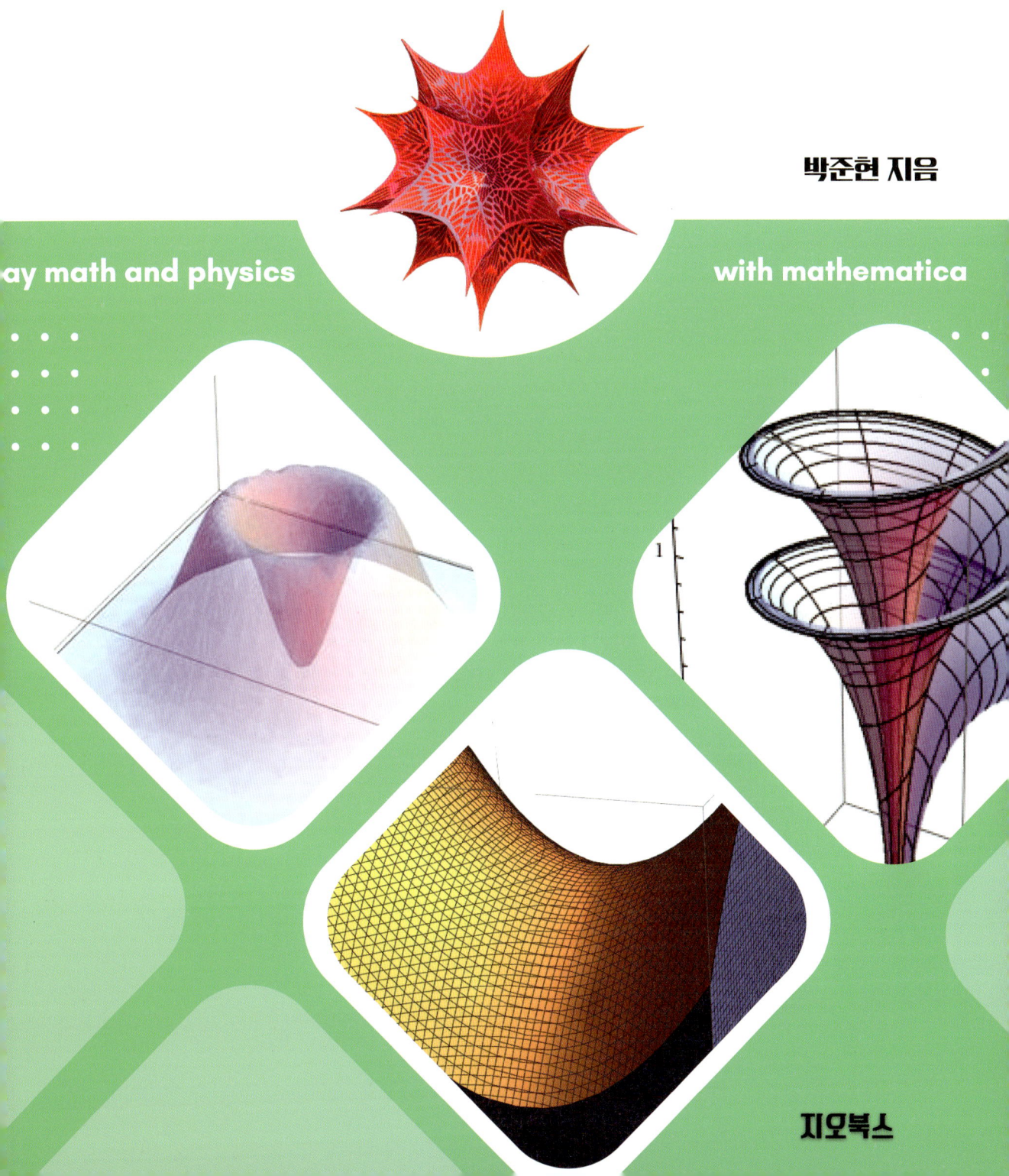

ay math and physics　　　with mathematica

지오북스

박준현

성균관대 물리학과 학사 졸업, 수학과 복수전공(2006.2.)
충북대학교 수학교육과 학사졸업(2011.2.)
성균관대 졸업학점: 4.45/4.5
(2006년 봄,가을 물리학과, 수학과 졸업생 중 1등)
제4차 KBS이공계 육성 장학생(2006.2.)- 2006.2. 졸업당시 성균관대 자연과학캠퍼스 이공계 학사/석사/박사 재학생 중 가장 우수한 학생(미래성, 학점)으로 선발됨.
제27회 전국대학생수학경시대회 장려상(2008)
제28회 전국대학생수학경시대회 장려상(2009)
제29회 전국대학생수학경시대회 금상(2010)
경상남도교육청 과학영재교육원 강사 재직중(2021.3.~현재)

Play math and physics with mathematica
매스매티카를 활용한
수학 물리 놀이하기 2

발 행	2024년 6월 30일
저 자	박준현
펴낸곳	지오북스
등 록	2016년 3월 7일 제395-2016-000014호
전 화	02)381-0706 / 팩스 02)371-0706
이메일	emotion-books@naver.com
홈페이지	www.geobooks.co.kr
ISBN	979-11-91346-94-7
정 가	22,000 원

이 책은 저작권법으로 보호받는 저작물입니다.
이 책의 내용을 전부 또는 일부를 무단으로 전재하거나 복제할 수 없습니다.
파본이나 잘못된 책은 바꿔드립니다.

머릿말

코로나-19로 인해 비대면 원격수업의 요청이 생기고 비슷한 시기에 창의석인 수학·정보역량을 갖춘 인재를 육성하고자 하는 필요가 생기면서 많은 수학 교사들이 접하는 수학의 작도 및 코딩툴을 익혔습니다. 하지만 통상 학교 현장에서 통상 사용되는 애플리케이션은 제가 학부 시절 익힌 여러 가지 물리나 사회현상을 설명하는 비선형 미분방정식의 해를 자유롭게 해결하기에는 충분하지 않았습니다. 이 때 제게 매스매티카는 나의 요구사항을 잘 들어줄 수 있을까 고민하였고 도전을 해보기로 마음을 먹었습니다. 제가 계산 기능을 갖추고 있는 매스매티카에 대해 처음 들어본 것은 대학교 학부 시절이므로 20년이 이제는 넘었습니다. 그리고 매스매티카(13.1버전)를 직접 접하고 책을 사서 탐독하면서 코드를 익힌 것은 이제 갓 1년이 조금 넘었습니다. 처음에는 이장훈 선생님이 편찬하신 두꺼운 메뉴얼을 펴놓고 무작정 순서대로 읽어나가면서 PC를 통해 매스매티카 코딩을 입력하며 느리지만 한 걸음씩 익혀나갔습니다. 궁금한 것이 생기면 다한테크 황지원 부장의 고마운 도움을 받기도 하였습니다. 매스매티카 실력자 분들의 다양한 작품이 수록된 Wolfram Demonstrations Project 를 처음 접하고 부족한 내 실력을 비교하면서 절망하기도 하였습니다. 하지만 이장훈 선생님의 책에 수록된 코드작품과 친절한 설명을 하나하나 분석하고 파헤쳐가며 코드를 단계적으로 익히고 마침내 간단한 여러 가지 코드를 짤 수 있게 되었습니다. 매스매티카의 문법이 한국의 중고등학교 수업 현장에서 자주 사용되는 여타 애플리케이션에 비해 어렵다는 것이 사실입니다. 하지만 매스매티카의 문법은 명료하기 때문에 일단 익히고 나면 정말 놀라울 정도로 다양한 함수를 애매함이 없이 깔끔하게 만드는 것이 가능하다는 것과 이상적분이나 무한급수의 합 및 무한곱에서 파이나 자연상수 등이 포함된 값을 명확히 출력하는 계산 기능을 고려하면 매스매티카는 충분히가 아니라 상당히 매력적인 툴입니다. 또한 매스매티카에서 내장하고 있는 여러 가지 특수함수를 보며 매스매티카는 대학이나 연구소에서만 사용하는 것이 아닌 학문 탐구를 즐기는 성향을 가진 고등학생과 중고등학교 교사들 또한 학습하고 연구할 때 사용하기에는 안성맞춤이라는 것을 느끼게 되었습니다. 매스매티카를 익히면서 처음에는 비선형 미분방정식으로 나타내어지는 물리 현상의 해에 대해 그래프를 그리고 시간에 따른 추이를 동영상으로 시연하는 것에 집중하였지만 차츰 랜덤 추출기능을 활용한 통계분석에서 시작하여 최근 인공지능 수학에서 주로 다루는 경사하강법을 이용한 최소다항식 문제에 이르기까지 다양한 주제에 관심을 가지게 되어 관련 수학적 내용을 담고 코드를 참조하거나 본인이 직접 코드를 작성하여 이 책을 펴냈습니다. 이 책은 크게는 점화식풀기, 방정식풀기, 미분방정식풀기, 다양한 물리수학코드, 다양한 함수기능 소개로 이뤄져 있습니다. 1권과 2권을 굳이 차례대로 읽을 필요없이 눈길이 가는 주제부터 읽고 모르는 함수기능이 있다면 함수기능 소개 부분을 병행하여 읽고 참조하면 되도록 책을 구성하였습니다. 그리고 이론을 소개하면서 그래픽을 추가하기도 했는데 일부는 알지오매스 툴로 제작하였습니다. 매스매티카 프로그램은 Wolfram 미국 본사의 공식 한국 대리점인 ㈜ 다한테크를 통해 구매할 수 있습니다.

공자가 말하기를 〈아는 자는 좋아하는 자만 못하고 좋아하는 자는 즐기는 자만 못하다〉에 대해 들어보신 분이 많을 것입니다. 이 책을 통해 학구적 성향을 가진 독자들이 매스매티카 코딩으로 수학과 물리 놀이를 즐기면서 자신의 탐구 역량을 키워나갈 수 있길 바랍니다. 책을 펴내는 것을 제안한 동생과 나를 믿어주고 정리하는 시간을 지원해 준 아내 및 책을 낼 수 있게 도와주신 출판사 사장님께 감사드립니다.

2024년 2월 저자

목차

Ⅰ. 선형미분방정식

1. 선형미분방정식의 이론적 해법 ……………………………………………… 11
   가. 상수계수 제차 선형미분방정식
      (1) 특성방정식의 근이 모두 다를 때
      (2) 특성방정식이 중근을 가질 때
      (3) 특성방정식이 다중근을 가질 때
   나. 비제차 선형미분방정식
   다. 코시선형 비제차 미분방정식

2. 매스매티카로 미분방정식 풀기 ……………………………………………… 16
   가. 제차 선형미분방정식 풀기
   나. 특수해가 있는 비제차 선형미분방정식 풀기
      (1) 초기조건이 없는 비제차 선형미분방정식
      (2) 초기조건이 있는 비제차 선형미분방정식
   다. 코시 미분방정식 풀기
      (1) 제차 코시미분방정식 풀기
      (2) 비제차 코시 미분방정식 풀기
   라. 수치적 방법으로 미분방정식 풀기
   마. 르장드르 미분방정식 풀기
      (1) 멱급수 방법을 통한 이론적 분석
      (2) p값에 따른 르장드르 미분방정식 풀기
      (3) 르장드르 미분방정식의 해를 표로 나타내기
      (4) 다항식의 르장드르 다항식 전개식 찾기
   바. 베셀 미분방정식 풀기
      (1) 베셀 미분방정식의 해(멱급수 방법)
      (2) 베셀 미분방정식의 일차독립인 해
      (3) 구면 베셀 미분방정식
      (4) p값에 따른 베셀 미분방정식 풀기
      (5) 베셀 미분방정식의 해를 표로 나타내기
      (6) 베셀함수를 멱급수로 나타내기
   사. 물체의 단진자운동 분석
      (1) 선형해와 비선형해의 비교
      (2) 라그랑지언을 활용한 운동 분석

    아. 미분방정식의 해를 그래프로 다양하게 나타내기
Ⅱ. 연립 제차선형계
 1. 연립 제차선형계의 정의 ··41
 2. 연립 제차선형계의 해 ··41
   가. 행렬 A가 서로 다른 2개의 실수 고유값 λ_1, λ_2 를 가질 때
   나. 행렬 A가 서로 다른 2개의 허수 고유값 λ_1, λ_2을 가질 때
   다. 행렬 A가 고유값 λ를 중근으로 가질 때
     (1) 서로 다른 일차독립인 고유벡터가 2개일 때
     (2) 고유벡터가 하나일 때
 3. 연립 거의 선형계 ··43
   가. 임계점의 정의
   나. 거의 선형계의 정의
   다. 임계점 근방에서의 거의 선형계
 4. 매스매티카로 연립 제차선형미분방정식 풀기 ································45
   가. 고유값이 서로 다른 두 실근인 경우 풀기
     (1) 초기조건이 없는 경우
     (2) 초기조건이 있는 경우
   나. 고유값이 서로 다른 두 허근인 경우 풀기
   다. 고유값이 중복되는 경우 풀기
   라. 해를 그래프로 나타내기
   마. 수치적 방법으로 연립미분방정식 풀기
 5. 매스매티카로 비선형계-거의 선형계 풀기 ································55
   가. 시간에 따른 추이 살펴보기
   나. 초기값에 따른 전체적 개형 살피기
 6. 매스매티카로 로트카-볼테라 방정식 풀기 ································61
   가. 시간에 따른 추이 살펴보기
   나. 초기값에 따른 전체적 개형 살피기

Ⅲ. 매스매티카로 다양한 프로그램 만들기
 1. 행성 운동 ··67
   가. 행성 운동의 이론적 분석
     (1) 유효퍼텐셜에너지 $V_{eff}(r)$을 통한 궤도 분석
       (가) $E = E_c$ 인 경우(원궤도)
       (나) $E_c < E < 0$ 인 경우(타원궤도)

(2) 미분방정식을 통한 궤도 분석
    (3) 이심률을 통한 해의 분석
        (가) $\epsilon = 1$ (포물선궤도)
        (나) $0 < \epsilon < 1$ (타원궤도)
        (다) $\epsilon > 1$ (쌍곡선궤도)
    (4) 타원궤도를 도는 행성계의 에너지
    (5) 행성의 근일점 이동
  나. 테이블을 활용한 다양한 행성 운동의 정적 자취
  다. Manipulate를 활용한 행성 운동의 정적 자취
  라. 타원궤도를 도는 행성의 근일점 이동
  마. 행성 운동의 동영상
2. 사이클로이드 ··· 82
  가. 평면에서 굴러가는 사이클로이드 동영상
  나. 최단시간 경로를 따르는 사이클로이드 동영상
    (1) 사이클로이드
    (2) 빗면
    (3) 임의의 곡선 $y = f(x)$
3. 단진자 운동 ·· 90
  가. 비선형 단진자 운동의 동영상
  나. 선형 및 비선형 단진자 운동의 비교
  다. 선형 단진자 운동의 동영상과 주기
4. 이중스프링 운동 ·· 97
  가. 이중스프링 운동의 단순화 동영상
  나. 스프링에 내재된 수학과 코딩
    (1) 점의 색깔과 크기 및 선분의 색깔과 두께
    (2) 간단한 스프링의 코딩
    (3) 스프링의 코딩에 대한 수학적 분석
    (4) 축약 표현을 사용한 스프링 코딩
  다. 이중스프링 운동의 동영상
5. 페르마점의 역학실험 ·· 108
  가. 페르마점 구하기
  나. 페르마점의 역학실험 동영상
6. 양끝이 고정된 파동의 방정식과 동영상 ·· 117
7. 전자기장에서 전하의 운동 동영상 ·· 119

8. 오일러-라그랑지 방정식 ··120
    가. 오일러-라그랑지 방정식의 이론
    나. 사이클로이드 곡선의 최단거리성
        (1) 이론적 분석
        (2) 매스매티카로 미분방정식 풀기
    다. 회전하는 극소곡면
        (1) 이론적 분석
        (2) 매스매티카로 미분방정식 풀기
    라. 원뿔 위의 측지선
        (1) 이론적 분석
        (2) 매스매티카로 미분방정식 풀기
        (3) 해석적 방법으로 다양한 측지선 관찰하기

9. 강제진동자에 의한 공명 ··131
    가. 이론적 분석
    나. 강제진동자($A\cos wt$)에 따른 공명현상 관찰
    다. 강제진동자($A\cos wt$)에 따른 공명현상 테이블
    라. 일정한 주기적 힘의 영향 하에 공명현상 관찰
    마. 강제진동자에 의한 공명현상 동영상

Ⅳ. 매스매티카의 여러 함수 기능 익히기

1. 편미분과 전미분 ··137
    가. 편미분
        (1) 함수 혹은 방정식을 편미분하기
        (2) 편미분 함수(도함수)를 새로운 함수로 만들기
          (가) 도함수의 오류 찾기
          (나) 새로운 도함수 정의하기
    나. 전미분

2. 3차원 벡터 미분연산자 ··145
    가. 그래디언트(gradient)
    나. 다이버전스(divergence)
    다. 컬(curl)
    라. 라플라시안(laplacian)

3. 그래프 및 도형 함께 표시하기 ··151
    가. 그래프 함께 표시하기

   (1) Plot그래프를 함께 표시하기
   (2) ParametricPlot그래프를 함께 표시하기
  나. 도형 함께 표시하기
  다. Grid를 이용한 격자 그래픽
   (1) 2행 1열로 나타내는 경우
   (2) 1행 2열로 나타내는 경우
   (3) 2행 2열로 나타내는 경우
4. 그래프의 동영상 만들기 ·· 157
  가. 그래프의 동영상
   (1) 기본방법
   (2) 실시간 함수식 표기
   (3) 실시간 동적변수 표기
   (4) 동적변수의 증분 지정
   (5) 동적변수의 값을 유한하게 지정
  나. 함수와 변수를 직접 입력하는 그래프
  다. 사인함수 위를 움직이는 점의 동영상

참고 (미분 및 적분 공식) ·· 166
참고문헌 ·· 168

매스매티카를 활용한
수학 물리 놀이하기 2

Ⅰ. 선형미분방정식

1. 선형미분방정식의 이론적 해법

가. 상수계수 제차 선형미분방정식

상수계수 n계 선형미분방정식 $y^{(n)} + a_1 y^{(n-1)} + a_2 y^{(n-2)} + \cdots + a_{n-1} y' + a_n y = 0$ 에 대하여 특성다항식 $f(t) = t^n + a_1 t^{n-1} + a_2 t^{n-2} + \cdots + a_{n-1} t + a_n$ 이라고 정의하자. 미분방정식의 일반해를 y 라고 하자. 일반해와 특수해를 구하는 방법은 김용태(1999)(미분방정식 원론, 교우사)를 일부 참고하였다.

(1) 특성방정식의 근이 모두 다를 때

특성방정식 $f(t) = 0$이 서로 다른 n개의 근 $\{r_1, r_2, \cdots, r_n\}$을 가질 때 $\{e^{r_1 x}, e^{r_2 x}, e^{r_3 x}, \cdots, e^{r_n x}\}$는 서로 일차독립인 기저해가 된다.

미분방정식의 해 $y = c_1 e^{r_1 x} + c_2 e^{r_2 x} + \cdots + c_n e^{r_n x}$가 된다.

(2) 특성방정식이 중근을 가질 때

특성방정식 $f(t) = 0$ 이 중근 $t = r$ 을 가질 때

$f(r) = f'(r) = 0$을 이용하여 e^{rx}와 일차독립인 다른 기저해를 구할 수 있다.

$D = \dfrac{d}{dx}$ 라고 정의하자.

$$f(D)(e^{tx}) = (D^n + a_1 D^{n-1} + a_2 D^{n-2} + \cdots + a_{n-1} D + a_n)(e^{tx})$$
$$= f(t) e^{tx}$$

에서 $f(t) = 0$이 중근 $t = r$을 가지므로 $f(t)e^{tx}$은 $(t-r)^2$을 인수로 가진다.

따라서 $\dfrac{\partial f(D)(e^{tx})}{\partial t}|_{t=r} = f(D)(xe^{tx})|_{t=r} = f(D)(xe^{rx}) = 0$

위에서 e^{rx} 와 xe^{rx}는 서로 일차독립인 해가 된다.

(3) 특성방정식이 다중근을 가질 때

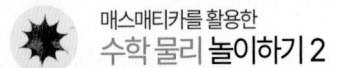

특성방정식 $f(t)=0$ 의 근이 $\{r_1, r_2, \cdots, r_n\}$ 이면서 서로 같은 근이 k개이면서 나머지 근들은 서로 다를 때 $(2 \leq k < n)$

$r_1 = r_2 = \cdots = r_k$ 라고 하자.

미분방정식의 해

$$y = (c_1 + c_2 x + c_3 x^2 + \cdots + c_k x^{k-1})e^{r_1 x} + c_{k+1}e^{r_{k+1}x} + c_{k+2}e^{r_{k+2}x} + \cdots + c_n e^{r_n x}$$

나. 비제차 선형미분방정식

n계 비제차 선형미분방정식 $y^{(n)} + P_1(x)y^{(n-1)} + \cdots + P_{n-1}(x)y' + P_n(x)y = R(x)$ 에 대하여 $y_i^{(n)} + P_1(x)y_i^{(n-1)} + \cdots + P_{n-1}(x)y_i' + P_n(x)y_i = 0 \ (i = 1, 2, \cdots, n)$ 라고 하자. 그러면 일반해 y_h는 상수 c_k와 일차독립인 해 $y_k \ (k = 1, 2, \cdots, n)$ 에 대해

$y_h = c_1 y_1 + c_2 y_2 + \cdots + c_n y_n$ 이다.

이제 일차독립인 해집합 $\{y_1, y_2, \cdots, y_n\}$ 에 대한 롱스키언 W 는 아래와 같이 정의된다.

$$W[y_1, y_2, \cdots, y_n] = \begin{vmatrix} y_1 & y_2 & \cdots & y_n \\ y_1' & y_2' & \cdots & y_n' \\ \vdots & \vdots & \ddots & \vdots \\ y_1^{(n-2)} & y_2^{(n-2)} & \cdots & y_n^{(n-2)} \\ y_1^{(n-1)} & y_2^{(n-1)} & \cdots & y_n^{(n-1)} \end{vmatrix}$$

그리고 W_k를 롱스키언 W의 k번째 열의 성분을 $0, 0, \cdots, 0, 1$로 (0이 연속으로 $n-1$개, 1이 1개) 대체한 행렬식이라고 하자. 즉,

$$W_k = \begin{vmatrix} y_1 & y_2 & \cdots & 0 & \cdots & y_n \\ y_1' & y_2' & \cdots & 0 & \cdots & y_n' \\ \vdots & \vdots & \ddots & \vdots & \vdots & \vdots \\ y_1^{(n-2)} & y_2^{(n-2)} & \cdots & 0 & \cdots & y_n^{(n-2)} \\ y_1^{(n-1)} & y_2^{(n-1)} & \cdots & 1 & \cdots & y_n^{(n-1)} \end{vmatrix}$$

그러면 이 미분방정식의 특수해 y_p에 대해

특수해는 $y_p = u_1(x)y_1 + u_2(x)y_2 + \cdots + u_n(x)y_n$ 이다.

여기서 $u_k(x) = \int \dfrac{W_k}{W} R(x) dx \ (k = 1, 2, \cdots, n)$ 이다.

따라서 해는 $y = \sum_{k=1}^{n}(c_k + u_k(x))y_k$ 이다.

$n = 4$인 경우에 대해 증명을 아래와 같이 간단히 제시할 수 있다.

(증명)

비제차 선형미분방정식 $y^{(4)} + P_1(x)y^{(3)} + P_2(x)y'' + P_3(x)y' + P_4(x)y = R(x)$ 에 대하여
$\{y_1, y_2, y_3, y_4\}$는 일차독립인 해집합이다.

따라서 $W[y_1, y_2, y_3, y_4] \neq 0$ 이다.

$y = y_k \ (k=1, 2, 3, 4)$에 대하여

$y_k^{(4)} + P_1(x)y_k^{(3)} + P_2(x)y_k'' + P_3(x)y_k' + P_4(x)y_k = 0$ 을 만족한다.

$$\begin{cases} u_1'y_1 + u_2'y_2 + u_3'y_3 + u_4'y_4 = 0 \\ u_1'y_1' + u_2'y_2' + u_3'y_3' + u_4'y_4' = 0 \\ u_1'y_1'' + u_2'y_2'' + u_3'y_3'' + u_4'y_4'' = 0 \\ u_1'y_1^{(3)} + u_2'y_2^{(3)} + u_3'y_3^{(3)} + u_4'y_4^{(3)} = R \end{cases}$$

을 만족하는 $u_k'(x)$ 를 구해보자. 위 식을 행렬로 나타내면

$$\begin{pmatrix} y_1 & y_2 & y_3 & y_4 \\ y_1' & y_2' & y_3' & y_4' \\ y_1'' & y_2'' & y_3'' & y_4'' \\ y_1^{(3)} & y_2^{(3)} & y_3^{(3)} & y_4^{(3)} \end{pmatrix} \begin{pmatrix} u_1' \\ u_2' \\ u_3' \\ u_4' \end{pmatrix} = \begin{pmatrix} 0 \\ 0 \\ 0 \\ R \end{pmatrix}$$ 이다. 이 방정식의 해는 크래머공식에 의하여

$u_k'(x) = \dfrac{M_k}{W}$ (M_k는 행렬 $\begin{pmatrix} y_1 & y_2 & y_3 & y_4 \\ y_1' & y_2' & y_3' & y_4' \\ y_1'' & y_2'' & y_3'' & y_4'' \\ y_1^{(3)} & y_2^{(3)} & y_3^{(3)} & y_4^{(3)} \end{pmatrix}$ 의 k번째 열을 $\begin{pmatrix} 0 \\ 0 \\ 0 \\ R \end{pmatrix}$ 으로 대체한

행렬의 행렬식을 의미한다. 따라서

$$u_k'(x) = \frac{W_k}{W} R(x) \quad (k=1, 2, 3, 4)$$

이제 $y = \sum_{k=1}^{4} u_k(x) y_k$ 에 대해 $y^{(4)} + P_1(x)y^{(3)} + P_2(x)y'' + P_3(x)y' + P_4(x)y = R(x)$

임을 보이도록 하겠다.

관계식 $\begin{cases} u_1'y_1 + u_2'y_2 + u_3'y_3 + u_4'y_4 = 0 \\ u_1'y_1' + u_2'y_2' + u_3'y_3' + u_4'y_4' = 0 \\ u_1'y_1'' + u_2'y_2'' + u_3'y_3'' + u_4'y_4'' = 0 \\ u_1'y_1^{(3)} + u_2'y_2^{(3)} + u_3'y_3^{(3)} + u_4'y_4^{(3)} = R \end{cases}$ 을 만족하는 $\{u_1', u_2', u_3', u_4'\}$에 대하여

y_p를 $y_p = \sum_{k=1}^{4} u_k(x) y_k$ 와 같이 정의하자.

$y_p' = (u_1'y_1 + u_2'y_2 + u_3'y_3 + u_4'y_4) + (u_1y_1' + u_2y_2' + u_3y_3' + u_4y_4')$
$\quad = u_1y_1' + u_2y_2' + u_3y_3' + u_4y_4'$

$$y_p'' = (u_1'y_1' + u_2'y_2' + u_3'y_3' + u_4'y_4') + (u_1y_1'' + u_2y_2'' + u_3y_3'' + u_4y_4'')$$
$$= u_1y_1'' + u_2y_2'' + u_3y_3'' + u_4y_4''$$

이와 유사하게

$$y_p^{(3)} = u_1y_1^{(3)} + u_2y_2^{(3)} + u_3y_3^{(3)} + u_4y_4^{(3)}$$
$$y_p^{(4)} = R(x) + u_1y_1^{(4)} + u_2y_2^{(4)} + u_3y_3^{(4)} + u_4y_4^{(4)}$$ 을 얻을 수 있다.

위 결과를 대입하면

$$y_p^{(4)} + P_1(x)y_p^{(3)} + P_2(x)y_p'' + P_3(x)y_p' + P_4(x)y_p$$
$$= R(x) + \sum_{k=1}^{4} u_k \big(y_k^{(4)} + P_1(x)y_k^{(3)} + P_2(x)y_k'' + P_3(x)y_k' + P_4(x)y_k\big)$$
$$= R(x)$$

따라서 해는 $y = \sum_{k=1}^{4}(c_k + u_k(x))y_k$ 가 된다.

위 결과는 계수가 상수인 상수계수 비제차 선형미분방정식일때도 성립한다.

다. 코시선형 비제차 미분방정식

$x^n y^{(n)} + a_1 x^{n-1} y^{(n-1)} + a_2 x^{n-2} y^{(n-2)} + \cdots + a_{n-1} x^1 y' + a_n y = R(x)$ 꼴의 미분방정식을 코시선형미분방정식이라고 한다.

이 경우는 $x = e^t$ 으로 치환하면 $\dfrac{dt}{dx} = \dfrac{1}{x}$ 이므로 $D = \dfrac{d}{dt}$ 로 정의하면

$$\begin{cases} xy' = \dfrac{dy}{dt} = Dy \\ x^2 y'' = \dfrac{d^2 y}{dt^2} - \dfrac{dy}{dt} = (D^2 - D)y = D(D-1)y \\ x^3 y^{(3)} = \dfrac{d^3 y}{dt^3} - 3\dfrac{d^2 y}{dt^2} + 2\dfrac{dy}{dt} = (D^3 - 3D^2 + 2D)y = D(D-1)(D-2)y \end{cases}$$

같은 방법으로 자연수 n에 대해 일반화하면

$x^n y^{(n)} = D(D-1)(D-2)\cdots(D-n+1)y$ 가 된다.

(예) 미분방정식 $y'' - \dfrac{3}{x}y' + \dfrac{4}{x^2}y = \dfrac{1}{x} + \ln x$ 은

코시선형 비제차미분방정식 $x^2y'' - 3xy' + 4y = x + x^2\ln x$ 이다.

이를 $x = e^t$, $D = \dfrac{d}{dt}$ 로 치환하면

$(D-2)^2 y = x + x^2\ln x = e^t + e^{2t}$ 가 된다.

$(D-2)^2 y = 0$ 의 해는 $y_1 = e^{2t}$, $y_2 = te^{2t}$ 이므로 일반해 y_h 에 대해

$y_h = c_1 e^{2t} + c_2 te^{2t}$ 이다.

특수해 y_p 에 대해 $y_p = u_1 y_1 + u_2 y_2$ 가 되는데

해 $\{y_1, y_2\}$ 에 대한 론스키언 W 는 $W[y_1, y_2] = e^{4t}$ 이고

$u_1 = \int (-te^{-t} - t^2) dt = te^{-t} + e^{-t} - \dfrac{t^3}{3}$

$u_2 = \int (e^{-t} + t)\, dt = -e^{-t} + \dfrac{t^2}{2}$ 이다.

위 결과를 대입하면 $y_p = u_1 y_1 + u_2 y_2 = e^t + \dfrac{t^3}{6}e^{2t}$

따라서 미분방정식의 해는 $y = y_h + y_p = c_1 e^{2t} + c_2 te^{2t} + e^t + \dfrac{t^3}{6}e^{2t}$

위 식을 x 에 대한 식으로 바꾸면 $y = c_1 x^2 + c_2 x^2 \ln x + x + \dfrac{1}{6}x^2 (\ln x)^3$

2. 매스매티카로 미분방정식 풀기

가. 제차 선형미분방정식 풀기

미분방정식을 해석적 방법으로 풀고자 할 때는 DSolve[{방정식,초기조건},{종속변수},{독립변수}]를 입력한다. 초기조건을 입력하지 않으면 일반해를 구한다.

제차선형미분방정식을 DSolve를 이용하여 해결하는 여러 가지 예시를 아래에 제시하였다.

(예시1) $y''(x) + 4y(x) = 0$를 만족하는 미분방정식의 해를 구해보자. 특성방정식 $f(t) = t^2 + 4 = 0$ 이므로 두 근은 $t = \pm 2i$ 이다. 따라서 일반해 $y(x) = c_1 \cos 2x + c_2 \sin 2x$ 이다.

이를 코딩으로 해결해보자.
A=DSolve[{y''[x]+4*y[x]==0},y,x]

≫≫≫

$$\{\{y \to \text{Function}[\{x\},\ c_1 \cos[2x] + c_2 \sin[2x]]\}\}$$

(예시2) $y'''(x) - 2y''(x) + y'(x) - 2y(x) = 0$ 을 만족하는 미분방정식의 해를 구해보자. 특성방정식 $f(t) = (t^2+1)(t-2) = 0$ 이므로 세 근은 $t = \pm i, t = 2$이다.

따라서 일반해 $y(x) = c_1 \cos x + c_2 \sin x + c_3 e^{2x}$ 이다.

이를 코딩으로 해결해보자.
A=DSolve[{y'''[x]-2y''[x]+y'[x]-2*y[x]==0},y,x]

≫≫≫

$$\{\{y \to \text{Function}[\{x\},\ e^{2x} c_3 + c_1 \cos[x] + c_2 \sin[x]]\}\}$$

(예시3) $y''(x) + y(x) = 0$, $y(x=0) = 1$, $y'(x=0) = 2$를 만족하는 미분방정식의 해를 구해보자. 특성방정식 $f(t) = t^2 + 1 = 0$ 이므로 두 근은 $t = \pm i$이다.

따라서 일반해 $y(x) = c_1 \cos x + c_2 \sin x$이다. 초기조건을 만족하는 해를 구하면 $c_1 = 1$, $c_2 = 2$가 되므로 $y(x) = \cos x + 2\sin x$가 된다.

이를 코딩으로 해결해보자.
A=DSolve[{y''[x]+y[x]==0,y[0]==1,y'[0]==2},y,x]

≫≫≫

{{y->Function[{x},Cos[x]+2 Sin[x]]}}

해를 그래프로 그리면 아래와 같다.

f[x]라는 함수는 y[x]를 구한 DSolve의 결과를 대입한 것이다.

이를 위해 f[x_]:=y[x]/.A[[1]] 라고 입력해야 한다.

A[[1]]은 리스트A의 1번째 성분인 {y->Function[{x},Cos[x]+2 Sin[x]]}을 의미한다.

```
A=DSolve[{y''[x]+y[x]==0,y[0]==1,y'[0]==2},y,x];
f[x_]:=y[x]/.A[[1]]
Plot[f[x],{x,-3,3}]
```

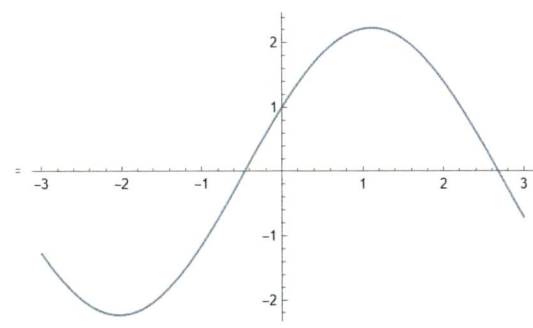

나. 특수해가 있는 비제차 선형미분방정식 풀기

(1) 초기조건이 없는 비제차 선형미분방정식

초기조건이 없는 비제차 선형미분방정식 $y'''(x)+y'(x)=\csc x$ 을 풀어보자.

미분방정식에 대한 특성방정식은 $f(t)=t^3+t=t(t^2+1)=0$ 이므로

특성방정식의 해는 $t=0$, $t=\pm i$ 이다.

따라서 미분방정식의 일반해를 y_h, 특수해를 y_p 라고 하면

$y_h = c_1 + c_2\cos x + c_3\sin x$ 이다.

그리고 일차독립인 해집합 $\{1, \cos x, \sin x\}$ 대해 롱스키언 W 를

계산하면 $W[1, \cos x, \sin x] = \begin{vmatrix} 1 & \cos x & \sin x \\ 0 & -\sin x & \cos x \\ 0 & -\cos x & -\sin x \end{vmatrix} = 1$ 이 나온다.

매스매티카를 활용한 수학 물리 놀이하기 2

특수해 $y_p = u_1 \cdot 1 + u_2 \cdot \cos x + u_3 \cdot \sin x$ 가 되고

$u_1' = \dfrac{W_1}{W} \cdot \csc x$, $u_2' = \dfrac{W_2}{W} \cdot \csc x$, $u_3' = \dfrac{W_3}{W} \cdot \csc x$ 가 된다. 여기서

$$W_1 = \begin{vmatrix} 0 & \cos x & \sin x \\ 0 & -\sin x & \cos x \\ 1 & -\cos x & -\sin x \end{vmatrix} = 1$$

$$W_2 = \begin{vmatrix} 1 & 0 & \sin x \\ 0 & 0 & \cos x \\ 0 & 1 & -\sin x \end{vmatrix} = -\cos x$$

$$W_3 = \begin{vmatrix} 1 & \cos x & 0 \\ 0 & -\sin x & 0 \\ 0 & -\cos x & 1 \end{vmatrix} = -\sin x$$

이므로

$$u_1 = \int \csc x\, dx = \ln\left|\tan\frac{x}{2}\right|$$

$$u_2 = \int \frac{-\cos x}{\sin x} dx = -\ln|\sin x|$$

$$u_3 = \int -1\, dx = -x \qquad \text{따라서}$$

$y_p = u_1 \cdot 1 + u_2 \cdot \cos x + u_3 \cdot \sin x$

$\quad = \ln\left|\tan\dfrac{x}{2}\right| - \cos x \ln|\sin x| - x \sin x$ 이다.

미분방정식의 해는

$$y = y_h + y_p = c_1 + c_2 \cos x + c_3 \sin x + \ln\left|\tan\frac{x}{2}\right| - \cos x \ln|\sin x| - x \sin x$$

이제 미분방정식을 코딩으로 해결해보자.
A=DSolve[{y'''[x]+y'[x]==Csc[x]},y,x]

≫≫≫

{{y → Function[{x}, $c_3 - c_2 \cos[x] - \log\left[\cos\left[\dfrac{x}{2}\right]\right] + \log\left[\sin\left[\dfrac{x}{2}\right]\right] - \cos[x]\log[\sin[x]] - x\sin[x] + c_1\sin[x]$]}}

(2) 초기조건이 있는 비제차 선형미분방정식

초기조건이 있는 비제차 선형미분방정식
$y''(x) + 4y(x) = 4\tan(2x)\ (y(x=0)=1,\ y'(x=0)=1)$ 을 풀어보자.
미분방정식에 대한 특성방정식은 $f(t) = t^2 + 4 = 0$ 이므로

특성방정식의 해는 $t=\pm 2i$ 이다.

따라서 미분방정식의 일반해를 y_h, 특수해를 y_p 라고 하면

$y_h = c_1 \cos 2x + c_2 \sin 2x$ 이다.

그리고 일차독립인 해집합 $\{\cos 2x, \sin 2x\}$ 대해 롱스키언 W 를

계산하면 $W[\cos 2x, \sin 2x] = \begin{vmatrix} \cos 2x & \sin 2x \\ -2\sin 2x & 2\cos 2x \end{vmatrix} = 2$ 이 나온다.

특수해 $y_p = u_1 \cdot \cos 2x + u_2 \cdot \sin 2x$ 가 되고

$u_1' = \dfrac{W_1}{W} \cdot 4\tan(2x),\ u_2' = \dfrac{W_2}{W} \cdot 4\tan(2x)$ 가 된다.

여기서

$$W_1 = \begin{vmatrix} 0 & \sin 2x \\ 1 & 2\cos 2x \end{vmatrix} = -\sin 2x$$

$$W_2 = \begin{vmatrix} \cos 2x & 0 \\ -2\sin 2x & 1 \end{vmatrix} = \cos 2x$$

이므로

$$\begin{aligned} u_1 &= \int -\frac{\sin 2x}{2} \cdot 4\tan 2x\, dx = -2\int \sin 2x \tan 2x\, dx \\ &= -2\int \frac{\sin^2 2x}{\cos 2x} dx = -2\int \frac{1-\cos^2 2x}{\cos 2x} dx \\ &= -2\int (\sec 2x - \cos 2x) dx = -\ln|\sec 2x + \tan 2x| + \sin 2x \\ u_2 &= \int \frac{\cos 2x}{2} \cdot 4\tan 2x\, dx = 2\int \sin 2x\, dx = -\cos 2x \end{aligned}$$

따라서 미분방정식의 해는

$y = y_h + y_p = c_1 \cos 2x + c_2 \sin 2x - \cos 2x \cdot \ln|\sec 2x + \tan 2x|$ 이고

초기조건을 대입하면 $c_1 = 1,\ c_2 = \dfrac{3}{2}$ 이므로

해는 $y = \cos 2x + \dfrac{3}{2}\sin 2x - \cos 2x \cdot \ln|\sec 2x + \tan 2x|$

코딩으로 해결하면 아래와 같다.

$\tanh^{-1}(\sin x) = \ln|\sec x + \tan x|$ 임을 참고하면 매스매티카의 해와 위의 해는 일치한다.

```
B=DSolve[{y''[x]+4*y[x]==4*Tan[2x],y[0]==1,y'[0]==1},y,x];
```

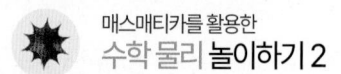

```
Y[x_]:=y[x]/.B[[1]]
Y[x]
```
≫≫≫

$$\frac{1}{2}(2\cos[2x] - 2\operatorname{ArcTanh}[\sin[2x]]\cos[2x] + 3\sin[2x])$$

다. 코시 미분방정식 풀기

$x^n y^{(n)} + a_1 x^{n-1} y^{(n-1)} + a_2 x^{n-2} y^{(n-2)} + \cdots + a_{n-1} x^1 y' + a_n y = R(x)$ 꼴의 미분방정식을 코시 선형미분방정식이라고 한다. $R(x) = 0$이면 제차코시 미분방정식이고 $R(x) \neq 0$이면 비제차코시 미분방정식이 된다.

이 미분방정식은 $x = e^t$ 으로 치환하여 x대신 t에 대한 함수로 변형하여 해결할 수 있다.

(1) 제차 코시미분방정식 풀기

제차 코시미분방정식 $x^2 y''(x) + 3xy'(x) + 3y(x) = 0$ 을 풀어보자.

$x = e^t$ 로 치환하여 t에 대한 식으로 정리하면

$y''(t) + 2y'(t) + 3y(t) = 0$ 이 나온다.

(여기서 '은 t에 대한 미분을 의미함에 유의한다.)

위의 미분방정식에 대한 특성방정식은

$f(T) = T^2 + 2T + 3 = 0$ 이므로 해는 $T = -1 \pm \sqrt{2}i$ 이다.

따라서 $y(t) = e^{-t}\{c_1 \cos(\sqrt{2}t) + c_2 \sin(\sqrt{2}t)\}$ 이고

이를 x에 대한 식으로 변형하면

$$y(x) = \frac{1}{x}\{c_1 \cos(\sqrt{2}\ln x) + c_2 \sin(\sqrt{2}\ln x)\}$$

코드는 아래와 같다.

```
A=DSolve[{x^2*y''[x]+3*x*y'[x]+3*y[x]==0},y,x]
```
≫≫≫

$$\left\{\left\{y \to \operatorname{Function}\left[\{x\}, \frac{c_2 \cos[\sqrt{2}\operatorname{Log}[x]]}{x} + \frac{c_1 \sin[\sqrt{2}\operatorname{Log}[x]]}{x}\right]\right\}\right\}$$

제차 코시미분방정식 $x^2y''(x)+2xy'(x)-l(l+1)y(x)=0$ 을 풀어보자.

$x=e^t$ 로 치환하여 t에 대한 식으로 정리하면

$y''(t)+y'(t)-l(l+1)y(t)=0$ 이 나온다.

(여기서 $'$은 t에 대한 미분을 의미함에 유의한다.)

위의 미분방정식에 대한 특성방정식은

$f(T)=T^2+T-l(l+1)=(T+l+1)(T-l)=0$ 이므로

해는 $T=l$ 혹은 $T=-(l+1)$이다.

따라서 $y(t)=c_1e^{lt}+c_2e^{-(l+1)t}$ 이고

이를 x에 대한 식으로 변형하면

$y(x)=c_1x^l+c_2x^{-(l+1)}$ 이다.

이를 코딩해보자.

```
A=DSolve[{x^2*y''[x]+2*x*y'[x]-l*(l+1)*y[x]==0},y,x]
Y[x_]:=y[x]/.A[[1]]
Y[x]
```

≫≫≫

$$x^{\frac{1}{2}\pm\sqrt{1}\sqrt{1+1}\left(\frac{i}{\sqrt{1}\sqrt{1+1}}-\sqrt{-4-\frac{1}{1\,(1+1)}}\right)}c_1 + x^{\frac{1}{2}\pm\sqrt{1}\sqrt{1+1}\left(\frac{i}{\sqrt{1}\sqrt{1+1}}+\sqrt{-4-\frac{1}{1\,(1+1)}}\right)}c_2$$

위에서는 l값에 따라 코시미분방정식을 간단히 계산하지 못한다.

따라서 l값에 따라 결과를 출력하기 위해 아래와 같이 코딩할 수 있다.

```
A[l_]:=Module[{B},B=DSolve[{(x^2)y''[x]+(2*x)*y'[x]-l*(l+1)*y[x]==0},y,x];
  f[x_]:=y[x]/.B[[1]];
  Print[{l,f[x]}]]
A[3]
```

≫≫≫

$$\left\{3,\ \frac{c_1}{x^4}+x^3 c_2\right\}$$

(2) 비제차 코시 미분방정식 풀기

미분방정식 $y''(x) - \frac{3}{x}y'(x) + \frac{4}{x^2}y(x) = 2$을 풀어보자.

양변에 x^2을 곱하면 $x^2y''(x) - 3xy'(x) + 4y(x) = 2x^2$이 되고
이는 비제차 코시 미분방정식이다.

$x = e^t$ 로 치환하여 t에 대한 식으로 정리하면
$y''(t) - 4y'(t) + 4y(t) = 2e^{2t}$ 이 된다.
(여기서 '은 t에 대한 미분을 의미함에 유의한다.)
위의 미분방정식에 대한 특성방정식은
$f(T) = (T-2)^2 = 0$이므로 $T = 2$는 중근이 된다.
$y_h(t)$를 미분방정식의 일반해이고 $y_p(t)$를 미분방정식의 특수해라고 하면 해 y는
$y(t) = y_h(t) + y_p(t)$이 된다.
일반해는 $y_h(t) = c_1 e^{2t} + c_2 t e^{2t}$ 이고
일차독립인 해집합 $\{e^{2t}, te^{2t}\}$ 대해 롱스키언 W 를

계산하면 $W[e^{2t}, te^{2t}] = \begin{vmatrix} e^{2t} & te^{2t} \\ 2e^{2t} & e^{2t} + 2te^{2t} \end{vmatrix} = e^{4t}$ 이 나온다.

특수해 $y_p = u_1 \cdot e^{2t} + u_2 \cdot te^{2t}$ 가 되고
$u_1' = \frac{W_1}{W} \cdot 2e^{2t},\ u_2' = \frac{W_2}{W} \cdot 2e^{2t}$ 가 된다.

여기서

$W_1 = \begin{vmatrix} 0 & te^{2t} \\ 1 & e^{2t} + 2te^{2t} \end{vmatrix} = -te^{2t}$

$W_2 = \begin{vmatrix} e^{2t} & 0 \\ 2e^{2t} & 1 \end{vmatrix} = e^{2t}$

이므로

$u_1 = \int -2t\,dt = -t^2$

$u_2 = \int 2\,dt = 2t$

따라서 미분방정식의 해는

$y = y_h + y_p = c_1 e^{2t} + c_2 t e^{2t} + t^2 e^{2t}$ 이고

해 y를 x에 대한 식으로 바꿔쓰면

$y(x) = c_1 x^2 + c_2 x^2 \ln x + x^2 (\ln x)^2$

코드는 아래와 같다.

```
A=DSolve[{y''[x]-(3/x)*y'[x]+(4/x^2)*y[x]==2},y,x];
Y[x_]:=y[x]/.A[[1]]
Y[x]
```

≫≫≫

$x^2 c_1 + 2 x^2 c_2 \text{Log}[x] + x^2 \text{Log}[x]^2$

<보충설명>

미분방정식을 DSolve를 사용하여 해결할 때 함수를 나타내기 위하여 더블브라켓을 적시에 사용하면 편리하므로 더블브라켓을 사용하여 리스트의 원소를 추출할 때의 결과를 아래에 설명하였다.

※ 리스트A에 대해 더블브라켓을 사용한 추출 결과 참조

In[8]:= `A = DSolve[{y''[x] - (3/x)*y'[x] + (4/x^2)*y[x] == (1/x) + Log[x]}, y, x]`

Out[8]= $\left\{\left\{y \to \text{Function}\left[\{x\}, x^2 c_1 - 2 x^2 c_2 \text{Log}[x] + \frac{1}{6} x \left(6 + x \text{Log}[x]^3\right)\right]\right\}\right\}$

In[9]:= `A[[1]]`

Out[9]= $\left\{y \to \text{Function}\left[\{x\}, x^2 c_1 - 2 x^2 c_2 \text{Log}[x] + \frac{1}{6} x \left(6 + x \text{Log}[x]^3\right)\right]\right\}$

In[10]:= `A[[1, 1]]`

Out[10]= $y \to \text{Function}\left[\{x\}, x^2 c_1 - 2 x^2 c_2 \text{Log}[x] + \frac{1}{6} x \left(6 + x \text{Log}[x]^3\right)\right]$

In[11]:= `A[[1, 1, 2]]`

Out[11]= $\text{Function}\left[\{x\}, x^2 c_1 - 2 x^2 c_2 \text{Log}[x] + \frac{1}{6} x \left(6 + x \text{Log}[x]^3\right)\right]$

라. 수치적 방법으로 미분방정식 풀기

미분방정식은 해석적 방법을 통해 해를 명확히 구할 수 있는 경우도 있지만 해석적 방법으로 미분방정식의 해를 구할 수 없는 경우가 더 많다. 해석적 방법으로 미분방정식의 해를 구할 수 없을 경우에는 수치적 방법을 통해 근사해를 구할 수 있다.

NDSolve는 보간법을 이용하여 미분방정식의 해의 근사해를 구하는 함수이다. 보간법은 변수의 경계내부에서 함수값을 근사하여 추정하는 방법을 말한다. NDSolve함수는 NDSolve[{방정식, 초기조건1, 초기조건2}, {종속변수}, {독립변수, 경계의 아래끝, 경계의 위끝}]의 형식으로 사용한다.

아래의 예시를 통해 비선형 미분방정식을 매스매티카에서 수치적 방법으로 해결해보았다.

(예시) 비선형미분방정식 $y''(x) + \sin(y(x)) = 0$ $(y(x=0)=0, y'(x=0)=1)$은 해석적으로 해를 구할 수 없다.

따라서 이 경우는 수치적 방법을 통해 해를 구할 수 있다.

코드는 아래와 같다.

```
A=NDSolve[{y''[x]+Sin[y[x]]==0,y[0]==0,y'[0]==1},y,{x,0,10}]
```

≫≫≫

{{y → InterpolatingFunction[Domain: {{0., 10.}} Output: scalar]}}

> **<보충설명>**
>
> y는 구간 $[0, 10]$에서의 x에 대한 수치해이기 때문에 식이 나타나지 않는다.

수치적 방법을 통해 구한 위의 미분방정식의 해 또한 그래프로 표현 가능하다.

코드는 아래와 같다.

```
A=NDSolve[{y''[x]+Sin[y[x]]==0,y[0]==0,y'[0]==1},y,{x,0,10}];
Y[x_]:=y[x]/.A[[1]]
Plot[{Y[x]},{x,0,10}]
```

≫≫≫

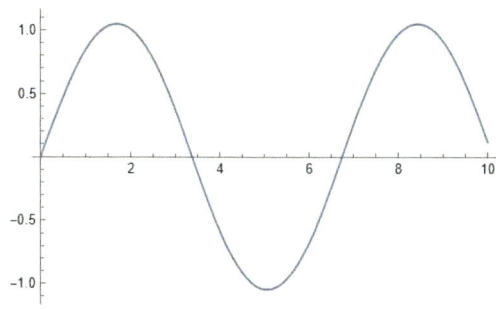

마. 르장드르 미분방정식 풀기

르장드르 미분방정식은 $(1-x^2)y'' - 2xy' + p(p+1) = 0$ 의 미분방정식으로 양자역학에서 수소원자의 파동함수, 전자기학에서 경계치문제 등에 사용된다.

(1) 멱급수 방법을 통한 이론적 분석

$y = \sum_{n=0}^{\infty} c_n x^n$을 르장드르 미분방정식의 해로 두고 멱급수 방법을 사용하여 해를 구할 수 있다. 김용태(1999)의 저서인 미분방정식 원론(교우사)를 참고하면 그 결과는 아래와 같다.

$$y = c_0 \left[1 + \sum_{n=1}^{\infty} (-1)^n \frac{(p-2n+2)\cdots(p-2)p(p+1)(p+3)\cdots(p+2n-1)}{(2n)!} x^{2n} \right]$$
$$+ c_1 \left[x + \sum_{n=1}^{\infty} (-1)^n \frac{(p-2n+1)\cdots(p-3)(p-1)(p+2)(p+4)\cdots(p+2n)}{(2n+1)!} x^{2n+1} \right]$$

(p가 0혹은 양의 짝수이면 앞의 급수는 짝수인 p차 다항식이고

p가 양의 홀수이면 뒤의 급수는 홀수인 p차 다항식이 됨에 주목한다.)

0이상의 정수 p에 대하여 르장드르 다항식 $P_p(x)$는

$(1-x^2)P_p''(x) - 2xP_p'(x) + p(p+1)P_p(x) = 0$을 만족한다. 그리고 이 때 $P_p(x)$는

로드리게스 공식에 의해 $P_p(x) = \dfrac{1}{2^p p!} \dfrac{d^p}{dx^p}(x^2-1)^p$ 으로 주어진다.

르장드르 다항식을 표로 나타내면 다음과 같다.

(김용태(1999). 미분방정식 원론.교우사)

p	$P_p(x)$
0	1
1	x
2	$\frac{3}{2}x^2 - \frac{1}{2}$
3	$\frac{5}{2}x^3 - \frac{3}{2}x$
4	$\frac{35}{8}x^4 - \frac{15}{4}x^2 + \frac{3}{8}$
5	$\frac{63}{8}x^5 - \frac{35}{4}x^3 + \frac{15}{8}x$

(2) p값에 따른 르장드르 미분방정식 풀기

르장드르 미분방정식 $(1-x^2)y'' - 2xy' + p(p+1) = 0$ 을 p값에 따라 구하기 위해 아래와 같이 코딩할 수 있다.

```
A[p_]:=Module[{B},B=DSolve[{(1-x^2)y''[x]-(2*x)*y'[x]+p*(p+1)*y[x]==0},y,x];
f[x_]:=y[x]/.B[[1]];
Print[{p,Simplify[f[x]]}]]
A[3]
```

≫≫≫

$$\left\{3, \frac{1}{2}x(-3+5x^2)c_1 + c_2\left(\frac{2}{3} - \frac{5x^2}{2} - \frac{1}{4}x(-3+5x^2)(\text{Log}[1-x]-\text{Log}[1+x])\right)\right\}$$

위와 동일한 코드는 아래와 같다.

```
A[p_]:=Module[{B},B=DSolve[{(1-x^2)y''[x]-(2*x)*y'[x]+p*(p+1)*y[x]==0},y,x];
f[x_]:=B[[1,1,2]][x];
Print[{p,Simplify[f[x]]}]]
```

(3) 르장드르 미분방정식의 해를 표로 나타내기

이제 위의 논의를 확장하여 p값에 따른 르장드르 미분방정식의 해를 표로 나타내고자 한다. 먼저 p값에 따라 르장드르 함수를 리스트로 나타내보자.

```
A[p_]:=Module[{B},B=DSolve[{(1-x^2)y''[x]-(2*x)*y'[x]+p*(p+1)*y[x]==0},y,x];
  f[x_]:=B[[1,1,2]][x];
  F=List[{p,f[x]}]]
list=Table[{A[k][[1,1]],A[k][[1,2]]},{k,1,5}]
```

≫≫≫

$$\left\{\left\{1, x c_1 + c_2 \left(-1 - x \left(-\frac{1}{2} \text{Log}[1-x] - \frac{1}{2} \text{Log}[1+x]\right)\right)\right\},\right.$$
$$\left\{2, \frac{1}{2}(-1-3x^2)c_1 - c_2\left(-\frac{3x}{2} + \frac{1}{2}(-1-3x^2)\left(-\frac{1}{2}\text{Log}[1-x] + \frac{1}{2}\text{Log}[1+x]\right)\right)\right\},$$
$$\left\{3, \frac{1}{2}(-3x-5x^3)c_1 - c_2\left(\frac{2}{3} - \frac{5x^2}{2} - \frac{1}{2}x(3-5x^2)\left(-\frac{1}{2}\text{Log}[1-x] - \frac{1}{2}\text{Log}[1+x]\right)\right)\right\},$$
$$\left\{4, \frac{1}{8}(3-30x^2-35x^4)c_1 + c_2\left(\frac{55x}{24} - \frac{35x^3}{8} - \frac{1}{8}(3-30x^2-35x^4)\left(-\frac{1}{2}\text{Log}[1-x] + \frac{1}{2}\text{Log}[1+x]\right)\right)\right\},$$
$$\left.\left\{5, \frac{1}{8}(15x-70x^3-63x^5)c_1 - c_2\left(-\frac{8}{15} + \frac{49x^2}{8} - \frac{63x^4}{8} + \frac{1}{8}x(15-70x^2-63x^4)\left(-\frac{1}{2}\text{Log}[1-x] - \frac{1}{2}\text{Log}[1+x]\right)\right)\right\}\right\}$$

이제 위에서 만든 리스트를 참고하여 표를 만들도록 하겠다.

코드는 아래와 같다.

```
A[p_]:=Module[{B},B=DSolve[{(1-x^2)y''[x]-(2*x)*y'[x]+p*(p+1)*y[x]==0},y,x];
  f[x_]:=B[[1,1,2]][x];
  F=List[{p,f[x]}]]
list=Table[{A[k][[1,1]],A[k][[1,2]]},{k,1,5}];
TableForm[list,TableHeadings->{{table},{"p-value","function"}}]
```

≫≫≫

	p-value	function
table	1	$x c_1 + c_2\left(-1 - x\left(-\frac{1}{2}\text{Log}[1-x] - \frac{1}{2}\text{Log}[1+x]\right)\right)$
	2	$\frac{1}{2}(-1-3x^2)c_1 - c_2\left(-\frac{3x}{2} + \frac{1}{2}(-1-3x^2)\left(-\frac{1}{2}\text{Log}[1-x] + \frac{1}{2}\text{Log}[1+x]\right)\right)$
	3	$\frac{1}{2}(-3x-5x^3)c_1 + c_2\left(\frac{2}{3} - \frac{5x^2}{2} - \frac{1}{2}x(3-5x^2)\left(-\frac{1}{2}\text{Log}[1-x] + \frac{1}{2}\text{Log}[1+x]\right)\right)$
	4	$\frac{1}{8}(3-30x^2-35x^4)c_1 + c_2\left(\frac{55x}{24} - \frac{35x^3}{8} + \frac{1}{8}(3-30x^2-35x^4)\left(-\frac{1}{2}\text{Log}[1-x] + \frac{1}{2}\text{Log}[1+x]\right)\right)$
	5	$\frac{1}{8}(15x-70x^3-63x^5)c_1 + c_2\left(-\frac{8}{15} + \frac{49x^2}{8} - \frac{63x^4}{8} + \frac{1}{8}x(15-70x^2-63x^4)\left(-\frac{1}{2}\text{Log}[1-x] - \frac{1}{2}\text{Log}[1+x]\right)\right)$

위의 표에서 제시된 르장드르 다항식에서 매쓰메티카에서는 c_1 이하는 p값에 따라 LengedreP[p,x]로 정의하며, c_2 이하는 p값에 따라 LengedreQ[p,x]로 정의한다.

위에서 제시된 표에서 c_2 이하의 식을 제외하고 싶으면 코드 화면에서 c_2를 [복사]해서 아래와 같이 코드를 작성하는데 주의점은 Print 함수가 아닌 List 함수를 사용해야 한다는 것이다.

```
A[p_] := Module[{B}, B = DSolve[{(1 - x^2) y''[x] - (2*x)*y'[x] + p*(p + 1)*y[x] == 0}, y, x];
              [모듈]        [미분 방정식]
  f[x_] := B[[1, 1, 2]][x] /. {c_2 -> 0};
  F = List[{p, f[x]}]]
     [목록]

list = Table[{A[k][[1, 1]], A[k][[1, 2]]}, {k, 1, 5}]
       [목록 작성]
TableForm[list, TableHeadings -> {{table}, {"p-value", "function"}}]
[테이블 양식]       [테이블 제목]
```

≫ ≫ ≫

Out[17]= $\{\{1, x\, c_1\}, \{2, \frac{1}{2}(-1 + 3x^2)\, c_1\}, \{3, \frac{1}{2}(-3x + 5x^3)\, c_1\},$
$\{4, \frac{1}{8}(3 - 30x^2 + 35x^4)\, c_1\}, \{5, \frac{1}{8}(15x - 70x^3 + 63x^5)\, c_1\}\}$

[18]//TableForm=

	p-value	function
table	1	$x\, c_1$
	2	$\frac{1}{2}(-1 + 3x^2)\, c_1$
	3	$\frac{1}{2}(-3x + 5x^3)\, c_1$
	4	$\frac{1}{8}(3 - 30x^2 + 35x^4)\, c_1$
	5	$\frac{1}{8}(15x - 70x^3 + 63x^5)\, c_1$

<보충설명>

c_2 는 이전 코드화면에서 [복사-붙이기] 하면 된다.

List 함수를 사용한 후 표로 나타내고 싶을 때는 리스트의 각 성분을 Table 으로 나타낸 후 TableForm 을 사용하면 된다. 리스트의 각 성분을 표현하는 방법은 아래의 예시를 참고한다.

In[20]:= **A[3]**

Out[20]= $\{\{3, \frac{1}{2}(-3x + 5x^3)\, c_1 + c_2 \left(\frac{2}{3} - \frac{5x^2}{2} - \frac{1}{2}x(3 - 5x^2)\left(-\frac{1}{2}\text{Log}[1-x] + \frac{1}{2}\text{Log}[1+x]\right)\right)\}\}$

In[21]:= **A[3][[1, 1]]**

Out[21]= 3

In[22]:= **A[3][[1, 2]]**

Out[22]= $\frac{1}{2}(-3x + 5x^3)\, c_1 + c_2 \left(\frac{2}{3} - \frac{5x^2}{2} - \frac{1}{2}x(3 - 5x^2)\left(-\frac{1}{2}\text{Log}[1-x] + \frac{1}{2}\text{Log}[1+x]\right)\right)$

(4) 다항식의 르장드르 다항식 전개식 찾기

미분방정식 $(1-x^2)P_p''(x) - 2xP_p'(x) + p(p+1)P_p(x) = 0$을 만족하는 르장드르 다항식 $P_p(x)$에 대해 $[-1, 1]$에서 정의되는 임의의 다항함수는 르장드르 다항식의 일차결합으로 전개할 수 있다. 그리고 이 사실은 아래의 정리를 통해 성립한다는 것을 설명할 수 있다.

(김용태(1999). 미분방정식 원론.교우사)

---

① $\int_{-1}^{1} P_p(x)P_r(x)dx = \begin{cases} 0 & (p \neq r) \\ \dfrac{2}{2p+1} & (p = r) \end{cases}$

② $\int_{-1}^{1} P_p(x)f_r(x) = 0$ (단, $f_r(x)$은 x에 관한 r차 다항식이고 $r < p$)

③ N차 다항함수 $f(x)$에 대하여 $f(x) = \sum_{p=0}^{N} c_p P_p(x)$ 로 전개 가능하다.

여기서 $c_p = \dfrac{2p+1}{2}\int_{-1}^{1} f(x)P_p(x)dx$

함수 $f(x) = x^6$을 르장드르 다항식의 합으로 아래와 같이 전개하고자 한다.

$f(x) = x^6 = \sum_{i=1}^{6} c_i P_i(x)$ ($P_i(x)$는 르장드르i차 다항식)

이 때는 계수 c_i를 구하기 위해 합(Sum)과 적분(Integrate)함수를 사용하여야 한다.

Sum함수는 Sum[함수, {변수,시작,끝}]의 형식으로 사용한다.

Integrate함수는 Integrate[함수식,변수]는 부정적분을 의미하고

Integrate[함수식,{변수,아래끝,위끝}]은 정적분을 의미한다.

그리고 함수 $f(x)$가 n차 다항식일 때, $\lim_{x \to \infty} \dfrac{\log|f(x)|}{\log x} = n$임에 유의하자.

코드는 아래와 같다.

```
f[t_]:=t^6;
n=Limit[Log[E,f[t]]/Log[E,t],t->∞];
c[k_]:=((2k+1)/2)*Integrate[f[t]*LegendreP[k,t],{t,-1,1}];
A=(c[0])+Sum[c[i]*LegendreP[i,x],{i,1,n}]
list=Table[{i,LegendreP[i,x],c[i]},{i,0,n}];
TableForm[list,TableHeadings->{{table},{"i","LegendreP[i,x]","c[i]"}}]
```

≫ ≫ ≫

$$\frac{1}{7} + \frac{5}{21}(-1+3x^2) + \frac{3}{77}(3-30x^2+35x^4) + \frac{1}{231}(-5+105x^2-315x^4+231x^6)$$

	i	LegendreP[i,x]	c[i]
table	0	1	$\frac{1}{7}$
	1	x	0
	2	$\frac{1}{2}(-1+3x^2)$	$\frac{10}{21}$
	3	$\frac{1}{2}(-3x+5x^3)$	0
	4	$\frac{1}{8}(3-30x^2+35x^4)$	$\frac{24}{77}$
	5	$\frac{1}{8}(15x-70x^3+63x^5)$	0
	6	$\frac{1}{16}(-5+105x^2-315x^4+231x^6)$	$\frac{16}{231}$

바. 베셀 미분방정식 풀기

베셀 미분방정식은 $x^2y'' + xy' + (x^2-p^2)y = 0$의 미분방정식을 의미한다.

(1) 베셀 미분방정식의 해(멱급수 방법)

$y = x^\lambda \sum_{n=0}^{\infty} c_n x^n$ 을 베셀 미분방정식의 해로 두고 멱급수 방법을 사용하면 해는 다음과 같다.

$$y = \sum_{n=0}^{\infty}(-1)^n \frac{1}{n!\Gamma(n+p+1)}\left(\frac{x}{2}\right)^{2n+p}$$

김용태(1999)의 저서 미분방정식 원론(교우사)를 참고하면 해를 $y = J_p(x)$라고 하고 이를 제1종 p차 베셀함수라고 정의한다.

(2) 베셀 미분방정식의 일차독립인 해

베셀 미분방정식 $x^2y'' + xy' + (x^2-p^2)y = 0$ 의 한 해는 제1종 p차 베셀함수 $J_P(x)(p \geq 0)$이고 아래와 같다.

$$J_p(x) = \sum_{n=0}^{\infty}(-1)^n \frac{1}{n!\Gamma(n+p+1)}\left(\frac{x}{2}\right)^{2n+p}$$

하나의 해 $J_p(x)(p \geq 0)$와 일차독립인 해는 제2종 p차 베셀함수 $Y_p(x)$로서 노이면함수라고 한다. 노이면함수 $Y_p(x)$는 p가 정수가 아닌 경우와 p가 0이상의 정수인 경우에 따라 다르게 정의된다.

⟨노이먼 함수 $Y_p(x)$ 의 정의⟩

① p가 정수가 아닌 경우

$$Y_p(x) = \frac{J_p(x)\cos p\pi - J_{-p}(x)}{\sin p\pi}$$

② p가 0이상의 정수인 경우

$$Y_p(x) = J_p(x) \int \frac{1}{xJ_p(x)^2} dx$$

자주 이용되는 베셀함수는 $J_{0.5}(x)$, $J_{-0.5}(x)$로서 그 함수는 아래와 같다.

⟨자주 이용되는 베셀함수⟩

① $J_{0.5}(x) = \sqrt{\dfrac{2}{\pi x}} \sin x$

② $J_{-0.5}(x) = -Y_{0.5}(x) = \sqrt{\dfrac{2}{\pi x}} \cos x$

위의 결과를 종합하면 베셀 미분방정식 $x^2 y'' + xy' + (x^2 - p^2)y = 0$의 일반해는 다음과 같다.

⟨베셀 미분방정식 $x^2 y'' + xy' + (x^2 - p^2)y = 0$ 의 일반해⟩

① p가 정수가 아닌 경우

$y = c_1 J_p(x) + c_2 J_{-p}(x)$

② p가 0이상의 정수인 경우

$y = c_1 J_p(x) + c_2 Y_p(x)$

(3) 구면베셀 미분방정식

구면베셀함수는 베셀 미분방정식과 조금 유사한 구면베셀 미분방정식의 해로 사용된다.

구면베셀 미분방정식은 $x^2 y'' + 2xy' + [x^2 - l(l+1)]y = 0$ 이다. $y = \dfrac{Y}{\sqrt{x}}$ 로 치환하여 정리하면 $x^2 Y'' + x Y' + [x^2 - (l+\dfrac{1}{2})^2] Y = 0$이 나온다.

이 미분방정식의 해는 베셀함수인데 이로부터 원 미분방정식인 구면베셀 미분방정식의 해도 구할 수 있다.

만약 l이 0이상의 정수이면 일반해 Y는

$Y = c_1 J_{l+0.5}(x) + c_2 J_{-(l+0.5)}(x)$ 이며 일반해 y는

$$y = \frac{1}{\sqrt{x}}\{c_1 J_{l+0.5}(x) + c_2 J_{-(l+0.5)}(x)\}$$

구면베셀함수는 양자역학에서 자유입자의 지름방향 파동함수를 구하는 데 사용된다.

(4) p값에 따른 베셀 미분방정식 풀기

베셀 미분방정식 $x^2 y'' + xy' + (x^2 - p^2)y = 0$ 의 일반해를 앞서 구하였는데 여기서는 코딩을 통해 구해보자.

매스매티카에서는 BesselJ[p,x]는 베셀1종 p차 함수 $J_p(x)$를 의미하는 반면 BesselY[p,x]는 베셀2종 p차 함수 $Y_p(x)$ 를 각각 의미한다는 것을 유념하자.

```
A[p_]:=Module[{B},B=DSolve[{x^2 *y''[x]+x*y'[x]+(x^2 - (p^2))*y[x]==0},y,x];
  f[x_]:=y[x]/.B[[1]];
  F=List[{p,f[x]}]]
```

≫≫≫

In[5]:= **A[1]**

Out[5]= {{1, BesselJ[1, x] c₁ + BesselY[1, x] c₂}}

In[7]:= **A[p]**

Out[7]= {{p, BesselJ[p, x] c₁ + BesselY[p, x] c₂}}

In[7]:= **A[1/2]**

Out[7]= $\left\{\left\{\frac{1}{2}, \frac{e^{-ix} c_1}{\sqrt{x}} - \frac{i e^{ix} c_2}{2\sqrt{x}}\right\}\right\}$

In[8]:= **A[3/2]**

Out[8]= $\left\{\left\{\frac{3}{2}, \frac{\sqrt{\frac{2}{\pi}} c_2 \left(-\frac{\cos[x]}{x} - \sin[x]\right)}{\sqrt{x}} + \frac{\sqrt{\frac{2}{\pi}} c_1 \left(-\cos[x] + \frac{\sin[x]}{x}\right)}{\sqrt{x}}\right\}\right\}$

(5) 베셀 미분방정식의 해를 표로 나타내기

반정수($p = 0 + \frac{1}{2}, 1 + \frac{1}{2}, 2 + \frac{1}{2}, \cdots$)에서의 베셀 미분방정식의 해를 표로 나타내어보자.

```
AhI[p_]:=Module[{B},B=DSolve[{x^2*y''[x]+x*y'[x]+(x^2-(p+(1/2))^2)*y[x]==0},y,x];
  f[x_]:=y[x]/.B[[1]];
  F=List[{p+1/2,f[x]}]]
list=Table[{AhI[k][[1,1]],AhI[k][[1,2]]},{k,0,3}];
TableForm[list,TableHeadings->{{"solutions of ","bessel differential equation","when p is a half integer "},{"p","solution"}}]
```

≫≫≫

	p	solution
solutions of bessel differential equation when p is a half integer	$\frac{1}{2}$	$\frac{e^{-ix}c_1}{\sqrt{x}} - \frac{i e^{ix} c_2}{2\sqrt{x}}$
	$\frac{3}{2}$	$\frac{\sqrt{\frac{2}{\pi}} c_2 \left(-\frac{\cos[x]}{x}-\sin[x]\right)}{\sqrt{x}} + \frac{\sqrt{\frac{2}{\pi}} c_1 \left(-\cos[x]-\frac{\sin[x]}{x}\right)}{\sqrt{x}}$
	$\frac{5}{2}$	$\frac{\sqrt{\frac{2}{\pi}} c_1 \left(-\frac{3\cos[x]}{x}-\sin[x]-\frac{3\sin[x]}{x^2}\right)}{\sqrt{x}} + \frac{\sqrt{\frac{2}{\pi}} c_2 \left(\cos[x]-\frac{3\cos[x]}{x^2}-\frac{3\sin[x]}{x}\right)}{\sqrt{x}}$
	$\frac{7}{2}$	$\frac{\sqrt{\frac{2}{\pi}} c_2 \left(-\frac{15\cos[x]}{x^3}+\frac{6\cos[x]}{x}-\sin[x]-\frac{15\sin[x]}{x^2}\right)}{\sqrt{x}} + \frac{\sqrt{\frac{2}{\pi}} c_1 \left(\cos[x]-\frac{15\cos[x]}{x^2}-\frac{15\sin[x]}{x^3}-\frac{6\sin[x]}{x}\right)}{\sqrt{x}}$

<보충설명>

위의 표에서 $p = \frac{1}{2}$ 일때의 베셀 미분방정식의 해는

$$y = c_1 \sqrt{\frac{2}{\pi x}} \sin x + c_2 \sqrt{\frac{2}{\pi x}} \cos x$$ 로 표현하여도 동일한 식으로 볼 수 있다.

(6) 베셀함수를 멱급수로 나타내기

제1종 p차 베셀함수 $J_p(x)(p \geq 0)$는 멱급수로 아래와 같이 전개된다.

$$J_p(x) = \sum_{n=0}^{\infty} (-1)^n \frac{1}{n! \Gamma(n+p+1)} \left(\frac{x}{2}\right)^{2n+p}$$

매스매티카로 제1종 베셀함수 $J_p(x)$를 멱급수로 전개하고자 한다.

함수를 멱급수로 전개할 때는 Series함수를 사용한다.

```
Series[f[x], {x, a, n} ]는 함수 f(x)를 x = a에 대해 멱급수로 n차까지 전개한다.
Series[Log[x],{x,1,3}]
```
≫≫≫

$$(x-1) - \frac{1}{2}(x-1)^2 + \frac{1}{3}(x-1)^3 + O[x-1]^4$$

베셀함수를 멱급수로 전개하는 예시 코드를 아래에 제시하였다.

(예시1) $x = 0$ 을 중심으로 10차까지 BesselJ[1,x]함수를 멱급수로 표현하고 싶다면 아래와 같

이 코딩하면 된다.
Series[BesselJ[1,x],{x,0,10}]

≫≫≫

$$\frac{x}{2} - \frac{x^3}{16} + \frac{x^5}{384} - \frac{x^7}{18432} + \frac{x^9}{1474560} + O[x]^{11}$$

(예시2) $x=0$을 중심으로 5차까지 BesselJ[p,x]함수를 멱급수로 표현하고 싶다면 아래와 같이 코딩하면 된다.
Series[BesselJ[p,x],{x,0,5}]

≫≫≫

$$x^p \left(\frac{2^{-p}}{\text{Gamma}[1+p]} - \frac{2^{-2-p} x^2}{(1+p)\,\text{Gamma}[1+p]} + \frac{2^{-5-p} x^4}{(1+p)(2+p)\,\text{Gamma}[1+p]} + O[x]^6 \right)$$

(예시3) $x=0$을 중심으로 10차까지 BesselY[1/2,x]함수를 멱급수로 표현하고 싶다면 아래와 같이 코딩하면 된다.
BesselY[1/2,x]
Series[BesselY[1/2,x],{x,0,10}]

≫≫≫

$$-\frac{\sqrt{\frac{2}{\pi}}\,\text{Cos}[x]}{\sqrt{x}}$$

$$-\frac{\sqrt{\frac{2}{\pi}}}{\sqrt{x}} + \frac{x^{3/2}}{\sqrt{2\pi}} - \frac{x^{7/2}}{12\sqrt{2\pi}} + \frac{x^{11/2}}{360\sqrt{2\pi}} - \frac{x^{15/2}}{20160\sqrt{2\pi}} + \frac{x^{19/2}}{1814400\sqrt{2\pi}} + O[x]^{21/2}$$

(예시4) $x=0$ 을 중심으로 4차까지 $p=2$에 대한 베셀 미분방정식의 일반해를 멱급수로 표현하고 싶다면 아래와 같이 코딩하면 된다.
A=DSolve[{x^2*y''[x]+x*y'[x]+(x^2-2^2)*y[x]==0},y,x];
  f[x_]:=y[x]/.A[[1]]
Series[f[x],{x,0,4}]

≫≫≫

$$-\frac{4c_2}{\pi x^2} - \frac{c_2}{\pi} + \frac{(2\pi c_1 - 3c_2 - 4\text{EulerGamma}\, c_2 - 4c_2 \text{Log}[2] + 4c_2 \text{Log}[x])\, x^2}{16\pi} +$$

$$\frac{(-6\pi c_1 + 17 c_2 - 12\,\text{EulerGamma}\, c_2 + 12 c_2 \text{Log}[2] - 12 c_2 \text{Log}[x])\, x^4}{576\pi} + O[x]^5$$

사. 물체의 단진자운동 분석

(1) 선형해와 비선형해의 비교

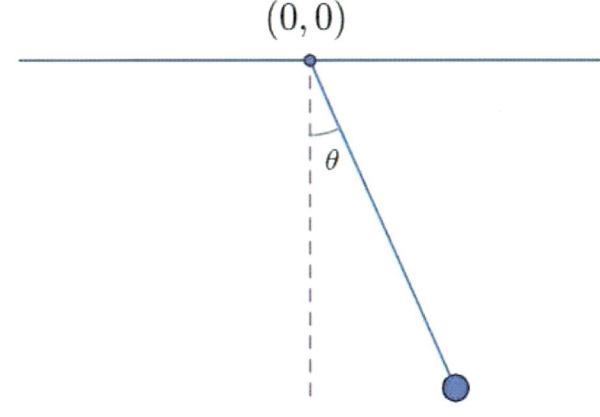

진자의 길이를 l, 진자의 질량을 m, 중력가속도를 g, 진자의 초기위치 $\theta(t=0) = \theta_0$라고 하자.

운동방정식은 $ml^2\ddot{\theta} = -mgl\sin\theta$ 이므로 정리하면 $\ddot{\theta} + \frac{g}{l}\sin\theta = 0$이다.

아래의 코딩은 $g/l = 1$, $\theta(t=0) = 0$, $\theta'(t=0) = 1$ 로 세팅하여 제작하였다.

그리고 L은 선형인 상황을 가정하고 NL을 비선형인 상황을 가정한 해를 의미한다.

```
L=DSolve[{a''[t]+a[t]==0,a[0]==0,a'[0]==1},a,t];
NL=NDSolve[{a''[t]+Sin[a[t]]==0,a[0]==0,a'[0]==1},a,{t,-5,5}];
al[t_]:=a[t]/.L[[1]]
anl[t_]:=a[t]/.NL[[1]]

ParametricPlot[{{t,al[t]},{t,anl[t]}},{t,0,2Pi},PlotStyle->{Red,Blue},Prolog->{Text["Red: linear",{2,0.5}],Text["Blue: nonlinear",{2,-0.5}]},AxesLabel->{"t","angle"}]
```

>>>

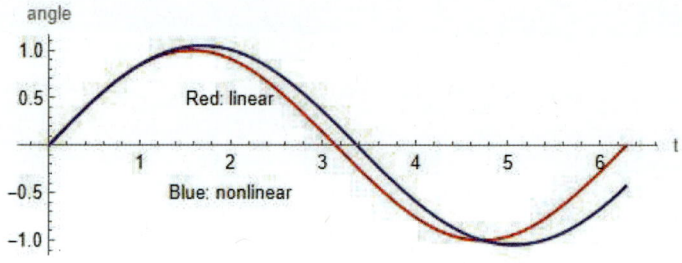

PlotLegends 옵션을 이용하여 위와 동일한 결과를 출력하는 코드를 아래와 같이 만들수도 있다.

```
L=DSolve[{a''[t]+a[t]==0,a[0]==0,a'[0]==1},a,t];
NL=NDSolve[{a''[t]+Sin[a[t]]==0,a[0]==0,a'[0]==1},a,{t,-5,5}];
al[t_]:=a[t]/.L[[1]]
anl[t_]:=a[t]/.NL[[1]]
ParametricPlot[{{t,al[t]},{t,anl[t]}},{t,0,2Pi},PlotStyle->{Red,Blue},
PlotLegends->{"linear","nonlinear"},AxesLabel->{"t","angle"}]
```

>>>

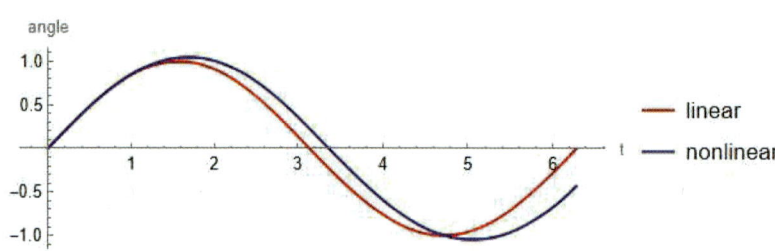

(2) 라그랑지언을 활용한 운동 분석

질량이 m인 물체가 용수철 상수 k인 용수철에 매달려 운동하고 있다고 하자. 물체가 용수철의 평형위치에서 x만큼 떨어진 곳에 있을 때 라그랑지언 L은 운동에너지 T, 위치에너지 V에 대하여

$L = T - V = \frac{1}{2}m\dot{x}^2 - \frac{1}{2}kx^2$ 이며, 운동방정식은 오일러-라그랑지 방정식을 통해 유도할 수 있

다.

오일러-라그랑지 방정식 $\dfrac{\partial L}{\partial x}-\dfrac{d}{dt}\dfrac{\partial L}{\partial \dot{x}}=0$ 을 계산하여 정리하면 $m\ddot{x}=-kx$

여기서 $k=1$, $m=1$로 두고 초기조건은 $x(t=0)=0$, $x'(t=0)=1$와 같을 때 운동을 그래프로 표시하기 위한 코드는 아래와 같이 제작할 수 있다.

```
k=1;
m=1;
lag:=0.5*m*(x'[t])^2 - 0.5*k*(x[t])^2 ;
eq:=D[lag,x[t]]-D[D[lag,x'[t]],t]
sol=NDSolve[{eq==0,x[0]==0,x'[0]==1},x,{t,0,10}];
X[t_]:=x[t]/.sol[[1]]
ParametricPlot[{t,X[t]},{t,0,2*Pi}]
```

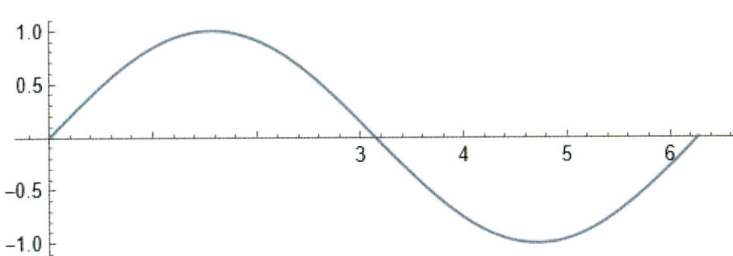

<보충설명>

위의 코드에서 x'[t]를 D[x[t],t]로 고쳐서 써도 되지만
D[x,t] 혹은 Dt[x,t]는 오류 발생하니 유의하자.

아. 미분방정식의 해를 그래프로 다양하게 나타내기

미분방정식 $y''(x)+y(x)=0$ ($y(0)=1$, $y'(0)=0$)을 보간법을 이용해서 근삿값을 구하는 수치적 방법인 NDSolve 를 이용해서 네 가지 방법으로 다양하게 코딩하여 수치해를 구해보겠다.

(방법1)
```
sol=NDSolve[{y''[x]+y[x]==0,y[0]==1,y'[0]==0},y,{x,-2,10}]
r[t_]:=y[t]/.sol[[1]]
```

Plot[r[t],{t,0,10},Ticks->{{Pi, 2*Pi, 3Pi},{-1,0,1}}]

≫≫≫

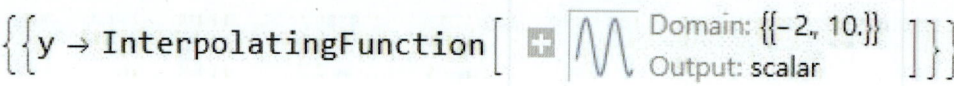

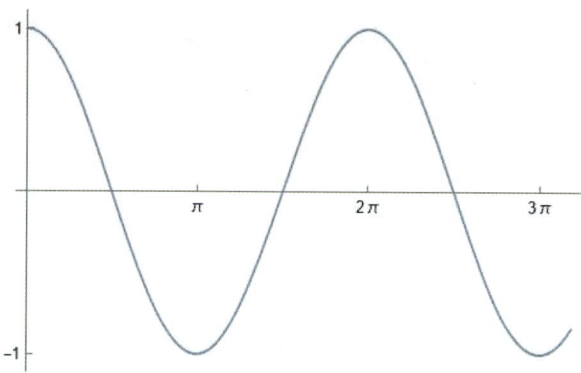

<보충설명>

위에서 t 대신 x로 변수를 달리하여도 결과는 동일하다

(방법2)

sol=NDSolve[{y''[x]+y[x]==0,y[0]==1,y'[0]==0},y,{x,-2,10}]
r[t_]:=sol[[1,1,2]][t]
Plot[r[t],{t,0,10},Ticks->{{Pi, 2*Pi, 3Pi},{-1,0,1}}]

(방법3)

sol=NDSolve[{y''[x]+y[x]==0,y[0]==1,y'[0]==0},y,{x,-2,10}]
ParametricPlot[{{t,y[t]}/.sol[[1]]},{t,0,10},Ticks->{{Pi, 2*Pi, 3Pi},{-1,0,1}}]

<보충설명>

위에서 {{t,y[t]}/.sol[[1]]}대신 {t,y[t]}/.sol[[1]] 혹은 {t,y[t]}/.sol[[1]]}로 입력하여도 결과는 동일하다.

(방법4)

sol=NDSolve[{y''[x]+y[x]==0,y[0]==1,y'[0]==0},y,{x,-2,10}]
s[t_]:={t,y[t]}/.sol[[1]]
ParametricPlot[s[t],{t,0,10},Ticks->{{Pi, 2*Pi, 3Pi},{-1,0,1}}]

선형미분방정식

<보충설명>

미분방정식의 수치해의 결과가 리스트 sol에 배당되어 있는데

함수의 그래프를 그리기 위해서는 더블브라켓을 사용하여 리스트의 원소를 적절히 추출하여야 한다. 따라서 수치해 sol의 원소를 추출한 여러 가지 결과를 아래에 나타내어 이해를 도우고자 한다.

더블브라켓은 리스트의 원소를 추출할 때 사용한다.

리스트[[i]] : 리스트의 i번째 원소를 추출

리스트[[i,j]] : 리스트내 i번째 리스트의 j번째 원소를 추출

리스트[[i,j,k]] : 리스트내 i번째 리스트내 j번째 리스트의 k번째 원소를 추출

위에서 얻든 수치해에 대해 더블브라켓을 적용하면 아래와 같다.

```
sol = NDSolve[{y''[x] + y[x] == 0, y[0] == 1, y'[0] == 0}, y, {x, -2, 10}]
```
　미분 방정식의 수치 풀이

{{y → InterpolatingFunction[▦ Domain: {{-2., 10.}} Output: scalar]}}

```
sol[[1]]
```

{y → InterpolatingFunction[▦ Domain: {{-2., 10.}} Output: scalar]}

```
sol[[1, 1]]
```

y → InterpolatingFunction[▦ Domain: {{-2., 10.}} Output: scalar]

```
sol[[1, 1, 1]]
```

y

```
sol[[1, 1, 2]]
```

InterpolatingFunction[▦ Domain: {{-2., 10.}} Output: scalar]

Ⅱ. 연립 제차선형계

1. 연립 제차선형계의 정의

$X' = A(t)X$ ($X = (x\ y)^T$, $A(t)$는 2×2행렬)에서 일차독립인 해를 X_1, X_2라고 할 때, 상수 c_1, c_2에 대해 $c_1 X_1 + c_2 X_2$ 또한 미분방정식 $X' = A(t)X$의 해이면 연립 제차 선형계로 정의한다. 여기서 $A(t)$가 2×2 실수 상수행렬인 경우 ($A(t) = A$)를 살펴보자.

2. 연립 제차선형계의 해

연립 제차선형계 $X' = A(t)X$ ($X = (x\ y)^T$, $A(t)$는 2×2행렬)의 해는 행렬 A의 고유값과 고유벡터가 서로 어떠한 값을 가지느냐에 따라 다르다.

아래 (가, 나, 다)의 여러 가지 경우에 대해 해를 구하는 방법을 설명하였다. 이러한 여러 가지 경우에 대한 예시를 본 책에서 추후 제시할 것이다. 각각의 예시에 대해 코딩을 통한 방법과 해석적 풀이까지 모두 제공하였으므로 여기서는 (가, 나, 다)에 대한 예시는 생략하도록 하겠다. 여러 가지 경우(가, 나, 다)에 대한 해의 설명은

William E.Boyce, Richard C.DiPrima(2001)(Elementary Differential Equations and Boundary Value Problems(7th),John Wiley&Sons,Inc)를 참고하였다.

가. 행렬 A가 서로 다른 2개의 실수 고유값 λ_1, λ_2를 가질 때

행렬 A의 실수 고유벡터에 해당하는 각각의 고유벡터 ξ_1, ξ_2는 서로 일차독립이다.

일반해 X는 $X = c_1 e^{\lambda_1 t} \xi_1 + c_2 e^{\lambda_2 t} \xi_2$이다.

나. 행렬 A가 서로 다른 2개의 허수 고유값 λ_1, λ_2을 가질 때

행렬 A의 실수 고유벡터에 해당하는 각각의 고유벡터는 서로 일차독립이다.

그리고 실수 a, b에 대하여 $\lambda_1 = a + bi$라 하면 $\lambda_2 = a - bi$가 되며, 고유벡터 ξ_1, ξ_2 사이의 관계는 $\xi_2 = \overline{\xi_1}$가 된다.

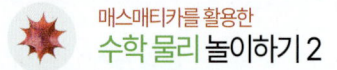

일반해 X는 $X = c_1 e^{\lambda_1 t}\xi_1 + c_2 e^{\lambda_2 t}\xi_2 = e^{at}[c_1(\cos bt + i\sin bt)\xi_1 + c_2(\cos bt + i\sin bt)\overline{\xi_1}]$ 이다.

허수단위 i를 사용하지 않고 나타내는 방법 또한 아래와 같다.

$\xi_1 = \vec{r} + i\vec{s}$ ($\vec{r}, \vec{s}$는 실수 벡터)라고 하면

$$\xi_1 e^{\lambda_1 t} = (\vec{r} + i\vec{s})e^{(a+bi)t} = (\vec{r} + i\vec{s})e^{at}(\cos bt + i\sin bt)$$
$$= e^{at}(\vec{r}\cos bt - \vec{s}\sin bt) + ie^{at}(\vec{r}\sin bt + \vec{s}\cos bt) = \vec{u} + i\vec{v}$$

일반해 X는

$$X = c_1\vec{u} + c_2\vec{v} \quad (단, \ \vec{u} = e^{at}(\vec{r}\cos bt - \vec{s}\sin bt), \ \vec{v} = e^{at}(\vec{r}\sin bt + \vec{s}\cos bt) \ )$$

다. 행렬 A가 고유값 λ를 중근으로 가질 때

(1) 서로 다른 일차독립인 고유벡터가 2개일 때

고유값이 λ로 동일하며 일차독립인 고유벡터를 ξ_1, ξ_2 라고 하자.

일반해 X는

$$X = c_1 e^{\lambda t}\xi_1 + c_2 e^{\lambda t}\xi_2$$

(2) 고유벡터가 하나일 때

연립미분방정식 $X' = A(t)X$ 의 한 해는 $X_1 = \xi e^{\lambda t}$ 이고

다른 해를 $X_2 = \xi t e^{\lambda t} + \eta e^{\lambda t}$ 라고 한 후 원 식 $X' = AX$에 대입하면

$(A\xi - \lambda\xi)t e^{\lambda t} + (A\eta - \lambda\eta - \xi)e^{\lambda t} = 0$ 이다. 모든 t에 대해 성립하므로

$\begin{cases} (A - \lambda I)\xi = 0 \\ (A - \lambda I)\eta = \xi \end{cases}$ 이 성립한다. 이를 풀어 가능한 해 η를 구할 수 있다.

일반해 X는

$$X = c_1 X_1 + c_2 X_2 = c_1 e^{\lambda t}\xi + c_2(\xi t e^{\lambda t} + \eta e^{\lambda t})$$

3. 연립 거의 선형계

A는 2×2 상수 실수행렬이라고 할 때, 연립 비제차 선형계 $X' = AX + g(X)$에 대해 살펴보자.

$$\left(X = \begin{pmatrix} x \\ y \end{pmatrix} ,\ g(X) = g(x,y) \neq \begin{pmatrix} 0 \\ 0 \end{pmatrix} \right)$$

아래의 (가, 나, 다)의 내용은 William E.Boyce, Richard C.DiPrima(2001)(Elementary Differential Equations and Boundary Value Problems(7th), John Wiley&Sons,Inc)를 참고하였다.

가. 임계점의 정의

$X' = \begin{pmatrix} F(x,y) \\ G(x,y) \end{pmatrix}$ 라고 할 때,

$F(x_0, y_0) = G(x_0, y_0) = 0$을 만족하는 점 (x_0, y_0)를 계의 임계점이라고 한다.

만약 $X' = AX$ (단, $\det A \neq 0$)일 때,

$X = \begin{pmatrix} 0 \\ 0 \end{pmatrix}$ 이 계의 임계점이 된다.

나. 거의 선형계의 정의

연립 비제차 선형계 $X' = AX + g(X)$ (단, $\det A \neq 0$)에 대해

$X \to \begin{pmatrix} 0 \\ 0 \end{pmatrix}$ 에 따라 $\dfrac{|g(X)|}{|X|} \to 0$ 일 때,

이러한 계를 임계점 $X = \begin{pmatrix} 0 \\ 0 \end{pmatrix}$ 의 근방에서 거의 선형계라고 한다.

이 때는 연립 비제차 선형계 $X' = AX + g(X)$ (단, $\det A \neq 0$)은 임계점 근방에서 선형계 $X' = AX$로 근사적으로 해석할 수 있다.

다. 임계점 근방에서의 거의 선형계

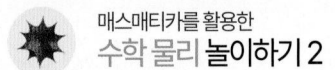

$$X' = \begin{pmatrix} F(x,y) \\ G(x,y) \end{pmatrix} \quad \text{라고 할 때,}$$

점 (x_0, y_0)에 대해 테일러 급수전개를 하면

$$F(x,y) = F(x_0, y_0) + F_x(x_0, y_0)(x-x_0) + F_y(x_0, y_0)(y-y_0) + h_1(x,y)$$
$$G(x,y) = G(x_0, y_0) + G_x(x_0, y_0)(x-x_0) + G_y(x_0, y_0)(y-y_0) + h_2(x,y)$$

와 같고, 임계점 (x_0, y_0)은 $F(x_0, y_0) = G(x_0, y_0) = 0$을 만족하며

$(x\ y) \to (x_0\ y_0)$에 따라 $\dfrac{h_i(x,y)}{\sqrt{[(x-x_0)^2 + (y-y_0)^2]}} \to 0 \ (i=1, 2)$을 만족할 때

$$\vec{u} = \begin{pmatrix} u_1 \\ u_2 \end{pmatrix} = \begin{pmatrix} x - x_0 \\ y - y_0 \end{pmatrix} \quad \text{로 정의하면}$$

$$\begin{pmatrix} x - x_0 \\ y - y_0 \end{pmatrix}' = \begin{pmatrix} F_x(x_0, y_0) & F_y(x_0, y_0) \\ G_x(x_0, y_0) & G_y(x_0, y_0) \end{pmatrix} \begin{pmatrix} x - x_0 \\ y - y_0 \end{pmatrix} + \begin{pmatrix} h_1(x,y) \\ h_2(x,y) \end{pmatrix}$$

위의 비선형계는 임계점 (x_0, y_0) 근방에서 거의 선형계로 아래와 같이 표현된다.

$$\begin{pmatrix} u_1 \\ u_2 \end{pmatrix}' = \begin{pmatrix} F_x(x_0, y_0) & F_y(x_0, y_0) \\ G_x(x_0, y_0) & G_y(x_0, y_0) \end{pmatrix} \begin{pmatrix} u_1 \\ u_2 \end{pmatrix}$$

4. 매스매티카로 연립 제차선형미분방정식 풀기

가. 고유값이 서로 다른 두 실근인 경우 풀기

(1) 초기조건이 없는 경우

t라는 독립변수가 있고 t에 대한 종속변수인 x, y로 표현되었고 초기조건이 없는 제차선형미분방정식을 살펴보자. 미분방정식을 행렬로 표현할 때 고유값이 서로 다른 두 실근인 경우를 살펴보겠다.

연립미분방정식 $\begin{cases} x'(t) = x(t) + 3y(t) \\ y'(t) = 5x(t) + 3y(t) \end{cases}$ 의 해를 구해보겠다.

위 미분방정식을 행렬로 표현하면 아래와 같다.

$$\begin{bmatrix} x'(t) \\ y'(t) \end{bmatrix} = \begin{pmatrix} 1 & 3 \\ 5 & 3 \end{pmatrix} \begin{bmatrix} x(t) \\ y(t) \end{bmatrix}$$

행렬 $\begin{pmatrix} 1 & 3 \\ 5 & 3 \end{pmatrix}$ 의 고유값은 $\lambda_1 = -2$, $\lambda_2 = 6$ 이다.

고유값 $\lambda_1 = -2$에 해당하는 고유벡터는 $\xi_1 = \begin{bmatrix} -1 \\ 1 \end{bmatrix}$

고유값 $\lambda_2 = 6$에 해당하는 고유벡터는 $\xi_2 = \begin{bmatrix} 3 \\ 5 \end{bmatrix}$

일반해는 아래와 같이 쓸 수 있다.

$$\begin{bmatrix} x(t) \\ y(t) \end{bmatrix} = c_1 e^{-2t} \begin{bmatrix} -1 \\ 1 \end{bmatrix} + c_2 e^{6t} \begin{bmatrix} 3 \\ 5 \end{bmatrix}$$

코드는 아래와 같이 제작할 수 있다.

$m \times n$크기의 행렬 A가 $A = \begin{pmatrix} a_{11} & a_{12} & \cdots & a_{1n} \\ a_{21} & a_{22} & \cdots & a_{2n} \\ \vdots & \vdots & \ddots & \vdots \\ a_{m1} & a_{m2} & \cdots & a_{mn} \end{pmatrix}$ 이면

매스매티카에서의 행렬표기는 다음과 같음을 참고하자.
$A = \{\{a_{11}, a_{12}, a_{13}, \cdots, a_{1n}\}, \{a_{21}, a_{22}, a_{23}, \cdots, a_{2n}\}, \cdots, \{a_{m1}, a_{m2}, a_{m3}, \cdots, a_{mn}\}\}$

```
A=DSolve[{x'[t]==x[t]+3*y[t],y'[t]==5*x[t]+3*y[t]},{x,y},t]
X[t_]:=x[t]/.A[[1]]
```

```
Y[t_]:=y[t]/.A[[1]]
X[t]
Y[t]
B={{1,3},{5,3}};
Eigenvalues[B]
Eigenvectors[B]
```

≫≫≫

$$\left\{\left\{x \to \text{Function}\left[\{t\}, \frac{1}{8}e^{-2t}(5+3e^{8t})c_1 + \frac{3}{8}e^{-2t}(-1+e^{8t})c_2\right],\right.\right.$$
$$\left.\left. y \to \text{Function}\left[\{t\}, \frac{5}{8}e^{-2t}(-1+e^{8t})c_1 + \frac{1}{8}e^{-2t}(3+5e^{8t})c_2\right]\right\}\right\}$$

$$\frac{1}{8}e^{-2t}(5+3e^{8t})c_1 + \frac{3}{8}e^{-2t}(-1+e^{8t})c_2$$

$$\frac{5}{8}e^{-2t}(-1+e^{8t})c_1 + \frac{1}{8}e^{-2t}(3+5e^{8t})c_2$$

{6,−2}
{{3,5},{−1,1}}

(2) 초기조건이 있는 경우

t라는 독립변수가 있고 t에 대한 종속변수인 x, y로 표현되었고 초기조건이 있는 제차선형미분방정식을 살펴보자. 미분방정식을 행렬로 표현할 때 고유값이 서로 다른 두 실근인 경우를 살펴보겠다.

연립미분방정식 $\begin{cases} x'(t) = 8x(t) + 3y(t) & (x(t=0)=1) \\ y'(t) = 2x(t) + 7y(t) & (y(t=0)=2) \end{cases}$ 의 해를 구해보겠다.

위 미분방정식을 행렬로 표현하면 아래와 같다.

$$\begin{bmatrix} x'(t) \\ y'(t) \end{bmatrix} = \begin{pmatrix} 8 & 3 \\ 2 & 7 \end{pmatrix} \begin{bmatrix} x(t) \\ y(t) \end{bmatrix} \,,\, x(t=0)=1 \,,\, y(t=0)=2$$

행렬 $\begin{pmatrix} 8 & 3 \\ 2 & 7 \end{pmatrix}$ 의 고유값은 $\lambda_1 = 5$, $\lambda_2 = 10$ 이다.

고유값 $\lambda_1 = 5$에 해당하는 고유벡터는 $\xi_1 = \begin{bmatrix} -1 \\ 1 \end{bmatrix}$

고유값 $\lambda_2 = 10$에 해당하는 고유벡터는 $\xi_2 = \begin{bmatrix} 3 \\ 2 \end{bmatrix}$

일반해는 아래와 같이 쓸 수 있다.

$$\begin{bmatrix} x(t) \\ y(t) \end{bmatrix} = c_1 e^{5t} \begin{bmatrix} -1 \\ 1 \end{bmatrix} + c_2 e^{10t} \begin{bmatrix} 3 \\ 2 \end{bmatrix}$$

초기조건을 대입하여 상수를 결정하면 $c_1 = \dfrac{4}{5}$, $c_2 = \dfrac{3}{5}$

$$\begin{bmatrix} x(t) \\ y(t) \end{bmatrix} = \dfrac{4}{5} e^{5t} \begin{bmatrix} -1 \\ 1 \end{bmatrix} + \dfrac{3}{5} e^{10t} \begin{bmatrix} 3 \\ 2 \end{bmatrix}$$

코드는 아래와 같이 제작할 수 있다.

```
A=DSolve[{x'[t]==8*x[t]+3*y[t],y'[t]==2*x[t]+7*y[t],x[0]==1,y[0]==2},{x,y},t]
X[t_]:=x[t]/.A[[1]]
Y[t_]:=y[t]/.A[[1]]
X[t]
Y[t]
```

≫ ≫ ≫

$$\{\{x \to \text{Function}[\{t\}, \dfrac{1}{5} e^{5t} (-4 + 9 e^{5t})], y \to \text{Function}[\{t\}, \dfrac{2}{5} e^{5t} (2 + 3 e^{5t})]\}\}$$

$$\dfrac{1}{5} e^{5t} (-4 + 9 e^{5t})$$

$$\dfrac{2}{5} e^{5t} (2 + 3 e^{5t})$$

나. 고유값이 서로 다른 두 허근인 경우 풀기

t라는 독립변수가 있고 t에 대한 종속변수인 x, y로 표현되었고 초기조건이 없는 제차선형미분방정식을 살펴보자. 미분방정식을 행렬로 표현할 때 고유값이 서로 다른 두 허근인 경우를 살펴보겠다.

연립미분방정식 $\begin{cases} x'(t) = 6x(t) - y(t) \\ y'(t) = 5x(t) + 4y(t) \end{cases}$ 의 해를 구해보겠다.

위 미분방정식을 행렬로 표현하면 아래와 같다.

$$\begin{bmatrix} x'(t) \\ y'(t) \end{bmatrix} = \begin{pmatrix} 6 & -1 \\ 5 & 4 \end{pmatrix} \begin{bmatrix} x(t) \\ y(t) \end{bmatrix}$$

행렬 $\begin{pmatrix} 6 & -1 \\ 5 & 4 \end{pmatrix}$ 의 고유값은 $\lambda_1 = 5 - 2i$, $\lambda_2 = 5 + 2i$ 이다.

고유값 $\lambda_1 = 5+2i$에 해당하는 고유벡터는 $\xi_1 = \begin{bmatrix} 1 \\ 1-2i \end{bmatrix}$

고유값 $\lambda_2 = 5-2i$에 해당하는 고유벡터는 $\xi_2 = \begin{bmatrix} 1 \\ 1+2i \end{bmatrix}$

일반해는 아래와 같이 쓸 수 있다.

$$\begin{bmatrix} x(t) \\ y(t) \end{bmatrix} = c_1 e^{(5+2i)t} \begin{bmatrix} 1 \\ 1-2i \end{bmatrix} + c_2 e^{(5-2i)t} \begin{bmatrix} 1 \\ 1+2i \end{bmatrix}$$

일반해를 허수단위를 사용하지 않고 아래와 같이 다르게 표현할 수도 있다.

$$\begin{bmatrix} x(t) \\ y(t) \end{bmatrix} = c_1 u(t) + c_2 v(t)$$

여기서 벡터 $u(t), v(t)$는 $\begin{cases} u(t) = e^{5t}[(1\ 1)^T \cos 2t - (0\ -2)^T \sin 2t] \\ v(t) = e^{5t}[(1\ 1)^T \sin 2t + (0\ -2)^T \cos 2t] \end{cases}$ 와 같다.

코드는 아래와 같이 제작할 수 있다.

```
A=DSolve[{x'[t]==6*x[t]+(-1)*y[t],y'[t]==5*x[t]+4*y[t]},{x,y},t]
X[t_]:=x[t]/.A[[1]]
Y[t_]:=y[t]/.A[[1]]
X[t]
Y[t]
B={{6,-1},{5,4}};
Eigenvalues[B]
Eigenvectors[B]
```

≫≫≫

$\{\{x \to \text{Function}[\{t\}, -\frac{1}{2}e^{5t}c_2 \sin[2t] + \frac{1}{2}e^{5t}c_1(2\cos[2t] + \sin[2t])],$
$y \to \text{Function}[\{t\}, \frac{1}{2}e^{5t}c_2(2\cos[2t] - \sin[2t]) + \frac{5}{2}e^{5t}c_1 \sin[2t]]\}\}$

$-\frac{1}{2}e^{5t}c_2 \sin[2t] + \frac{1}{2}e^{5t}c_1(2\cos[2t] + \sin[2t])$

$\frac{1}{2}e^{5t}c_2(2\cos[2t] - \sin[2t]) + \frac{5}{2}e^{5t}c_1 \sin[2t]$

{5+2 I,5-2 I}
{{1+2 I,5},{1-2 I,5}}

다. 고유값이 중복되는 경우 풀기

연립 제차선형계

t라는 독립변수가 있고 t에 대한 종속변수인 x, y로 표현되었고 초기조건이 없는 제차선형미분방정식을 살펴보자. 미분방정식을 행렬로 표현할 때 고유값이 중복되고 고유벡터가 하나인 예를 살펴보자.

연립미분방정식 $\begin{cases} x'(t) = 3x(t) - 18y(t) \\ y'(t) = 2x(t) - 9y(t) \end{cases}$ 의 해를 구해보겠다.

위 미분방정식을 행렬로 표현하면 아래와 같다.

$$\begin{bmatrix} x'(t) \\ y'(t) \end{bmatrix} = \begin{pmatrix} 3 & -18 \\ 2 & -9 \end{pmatrix} \begin{bmatrix} x(t) \\ y(t) \end{bmatrix}$$

행렬 $\begin{pmatrix} 3 & -18 \\ 2 & -9 \end{pmatrix}$ 의 고유값은 중복되며 $\lambda = -3$ 이다.

고유값 $\lambda = -3$에 해당하는 고유벡터는 $\xi = \begin{bmatrix} 3 \\ 1 \end{bmatrix}$

일반해는 아래와 같이 쓸 수 있다.

$X' = \begin{bmatrix} x'(t) \\ y'(t) \end{bmatrix}$ 이고 $A = \begin{pmatrix} 3 & -18 \\ 2 & -9 \end{pmatrix}$ 라고 정의할 때,

연립미분방정식 $X' = AX$ 의 한 해는 $X_1 = \xi e^{\lambda t}$이고

X_1과 일차독립인 다른 해를 $X_2 = \xi t e^{\lambda t} + \eta e^{\lambda t}$ 라고 한 후

원 식 $X' = AX$에 대입하면

$(A\xi - \lambda\xi)te^{\lambda t} + (A\eta - \lambda\eta - \xi)e^{\lambda t} = 0$ 이다. 모든 t에 대해 성립하므로

$\begin{cases} (A - \lambda I)\xi = 0 \\ (A - \lambda I)\eta = \xi \end{cases}$ 이 성립한다.

이를 위 경우에 대해 풀면 가능한 η는

$$\eta = \begin{bmatrix} 0.5 \\ 0 \end{bmatrix} \text{ 이다.}$$

따라서 $X_1 = e^{-3t}(3\ 1)^T$, $X_2 = te^{-3t}(3\ 1)^T + e^{-3t}(0.5\ 0)^T$ 이며

일반해는 $X = (x\ y)^T = c_1 X_1 + c_2 X_2$

코드는 아래와 같이 제작할 수 있다.

```
A=DSolve[{x'[t]==3*x[t]+(-18)*y[t],y'[t]==2*x[t]+(-9)*y[t]},{x,y},t]
X[t_]:=x[t]/.A[[1]]
Y[t_]:=y[t]/.A[[1]]
```

```
X[t]
Y[t]
B={{3,-18},{2,-9}};
Eigenvalues[B]
Eigenvectors[B]
```
≫≫≫

$\{\{x \to \text{Function}[\{t\}, e^{-3t}(1+6t)c_1 - 18e^{-3t}tc_2], y \to \text{Function}[\{t\}, 2e^{-3t}tc_1 - e^{-3t}(-1+6t)c_2]\}\}$

$e^{-3t}(1+6t)c_1 - 18e^{-3t}tc_2$

$2e^{-3t}tc_1 - e^{-3t}(-1+6t)c_2$

{-3,-3}

{{3,1},{0,0}}

> **<보충설명>**
> 한 고유값에 대한 중복도가 2 이상일 경우 한 고유벡터와 일차독립인 고유벡터는 매쓰메티카의 Eigenvectors 함수로 계산이 되지 않는다.

라. 해를 그래프로 나타내기

x라는 독립변수가 있고 x에 대한 종속변수인 y_1, y_2로 표현되었고 초기조건이 있는 선형 제차 미분방정식을 살펴보자.

연립미분방정식 $\begin{cases} y_1'(x) = y_2(x) & (y_1(x=0)=1) \\ y_2'(x) = -y_1(x) & (y_2(x=0)=1) \end{cases}$ 의 해를 구해보겠다.

위 미분방정식을 행렬로 표현하면 아래와 같다.

$$\begin{bmatrix} y_1'(x) \\ y_2'(x) \end{bmatrix} = \begin{pmatrix} 0 & 1 \\ -1 & 0 \end{pmatrix} \begin{bmatrix} y_1(x) \\ y_2(x) \end{bmatrix}, \quad y_1(x=0)=1, \quad y_2(x=0)=1$$

행렬 $\begin{pmatrix} 0 & 1 \\ -1 & 0 \end{pmatrix}$ 의 고유값은 $\lambda_1 = i$, $\lambda_2 = -i$ 이다.

고유값 $\lambda_1 = i$에 해당하는 고유벡터는 $\xi_1 = \begin{bmatrix} 1 \\ i \end{bmatrix}$

해를 허수 단위를 사용하지 않고 아래와 같이 간단히 구할 수 있다.

$$\begin{bmatrix} y_1(t) \\ y_2(t) \end{bmatrix} = c_1 u(t) + c_2 v(t)$$

여기서 벡터 $u(t)$, $v(t)$는 $\begin{cases} u(t) = (1\ 0)^T \cos t - (0\ 1)^T \sin t \\ v(t) = (1\ 0)^T \sin t + (0\ 1)^T \cos t \end{cases}$ 와 같다.

초기조건을 대입하여 상수를 결정하면 $c_1 = 1$, $c_2 = 1$ 이므로

$$\begin{bmatrix} y_1(t) \\ y_2(t) \end{bmatrix} = \{(1\ 0)^T \cos t - (0\ 1)^T \sin t\} + \{(1\ 0)^T \sin t + (0\ 1)^T \cos t\}$$
$$= \begin{pmatrix} \cos t + \sin t \\ -\sin t + \cos t \end{pmatrix}$$

코드는 아래와 같이 제작할 수 있다.

```
A=DSolve[{y1'[x]==y2[x],y2'[x]==-y1[x],y1[0]==1,y2[0]==1},{y1,y2},x];
Y1[x_]:=y1[x]/.A[[1]];
Y2[x_]:=y2[x]/.A[[1]];
ParametricPlot[{{t,Y1[t]},{t,Y2[t]}},{t,0,2*Pi},PlotStyle->{Red,Blue},Prolog->{Text["y=y1[x]",{1,1}],Text["y=y2[x]",{1,-1}]}]
```

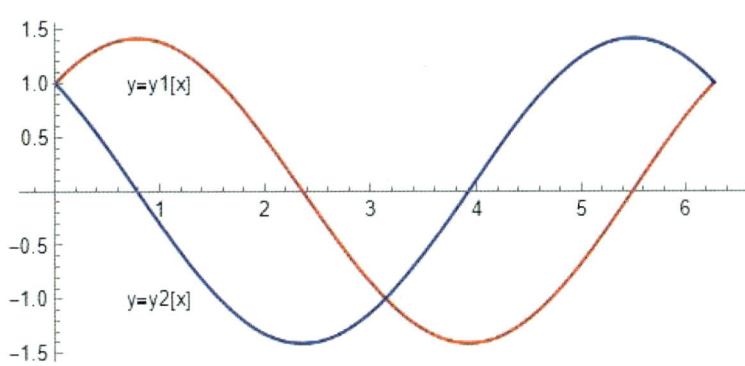

위와 유사한 결과를 출력하기 위해 아래와 같은 코딩도 가능하다.

```
A=DSolve[{y1'[x]==y2[x],y2'[x]==-y1[x],y1[0]==1,y2[0]==1},{y1,y2},x];
Y1[x_]:=y1[x]/.A[[1]];
Y2[x_]:=y2[x]/.A[[1]];
ParametricPlot[{{t,Y1[t]},{t,Y2[t]}},{t,0,2*Pi},PlotStyle->{Red,Blue},
PlotLegends->{"y=y1[x]","y=y2[x]"}]
```

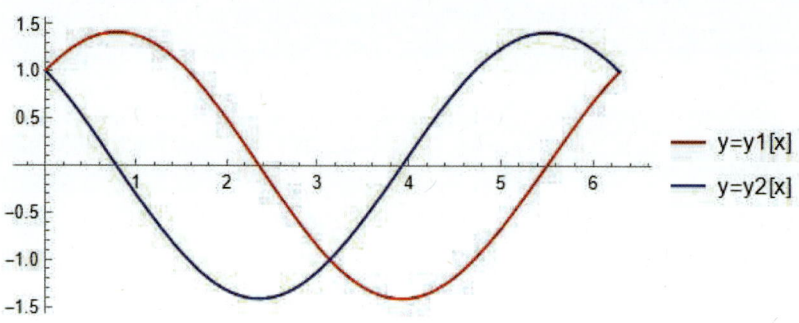

마. 수치적 방법으로 연립미분방정식 풀기

　미분방정식은 해석적 방법을 통해 해를 명확히 구할 수 있는 경우도 있지만 해석적 방법으로 미분방정식의 해를 구할 수 없는 경우가 더 많다. 해석적 방법으로 미분방정식의 해를 구할 수 없을 경우에는 수치적 방법을 통해 근사해를 구할 수 있다.

　NDSolve는 보간법을 이용하여 미분방정식의 해의 근사해를 구하는 함수이다. 보간법은 변수의 경계 내부에서 함수값을 근사하여 추정하는 방법을 말한다. NDSolve함수는 NDSolve[{방정식1,방정식2,초기조건1,초기조건2},{종속변수1,종속변수2},{독립변수,경계의 아래끝,경계의 위끝}] 의 형식으로 사용한다.

　독립변수가 t 로서 하나이고 t 에 대한 종속변수가 x, y 두 개인 아래의 미분방정식을 수치적 방법을 통해 해결해보자.

$$\begin{cases} x''(t) = -x'(t) \\ y''(t) = -y'(t) - 10 \\ x(t=0) = 0, x'(t=0) = 1 \\ y(t=0) = 0, y'(t=0) = 1 \end{cases}$$

B=NDSolve[{x''[t]==-x'[t],y''[t]==-y'[t]-10,x[0]==0,　　　　　　y[0]==0,x'[0]==1,
y'[0]==1},{x,y},
{t,0,10}]

≫≫≫

{{x → InterpolatingFunction[Domain: {{0, 10}} Output: scalar], y → InterpolatingFunction[Domain: {{0, 10}} Output: scalar]}}

<보충설명>
x, y 는 구간 $[0, 10]$에서의 t에 대한 수치해이기 때문에 식이 나타나지 않는다.

수치적 방법을 통해 구한 위의 미분방정식의 해 또한 그래프로 표현가능하다.
코딩은 아래와 같다.
$x(t)$, $y(t)$의 그래프를 한 평면과 다른 평면에 각각 나타내는 방법에 대해 살펴보자.

먼저 $x(t)$, $y(t)$의 그래프를 한 평면에 나타내보자.
두 개의 그래프를 한 평면에 변수 t가 $[a, b]$의 범위에서 동시에 나타낼 때는 Plot함수를 Plot[{함수식1,함수식2},{t,a,b}]의 형식으로 이용하는 것이 편리하다.

```
A=NDSolve[{x''[t]==-x'[t],y''[t]==-y'[t]-5,x[0]==0,y[0]==0,x'[0]==1,y'[0]==10},{x,y},
{t,0,10}];
X[t_]:=x[t]/.A[[1]]
Y[t_]:=y[t]/.A[[1]]
Plot[{X[t],Y[t]},{t,0,4},PlotStyle->{Red,Blue},Prolog->
{Text["y=A[t]",{1,1}],Text["y=B[t]",{2,4}]}]
```

≫≫≫

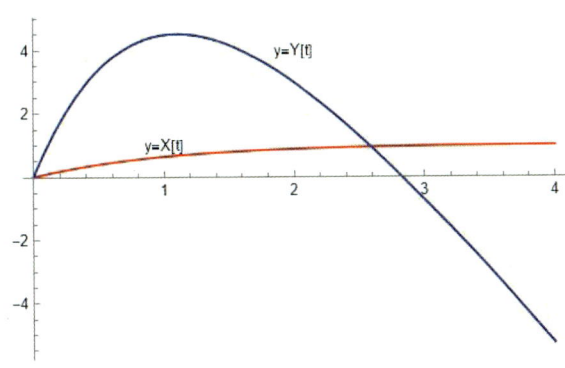

이제 $x(t)$, $y(t)$ 의 그래프를 각기 다른 평면에 나타내어보자.
이 경우는 Grid함수를 사용할 수 있다. 이 함수는 아래의 예시를 통해 사용하는 방법을 간단히 이해할 수 있다.

```
Grid[{{a,b,c,d},{x,y,z}}]
```

≫≫≫

a b c d
x y z

A=NDSolve[{x''[t]==-x'[t],y''[t]==-y'[t]-5,x[0]==0,y[0]==0,x'[0]==1,y'[0]==10},{x,y},{t,0,10}];
X[t_]:=x[t]/.A[[1]]
Y[t_]:=y[t]/.A[[1]]
Grid[{{Plot[X[t],{t,0,4},PlotStyle->{Red},Prolog->{Text["y=X[t]",{1,1}]}],
Plot[Y[t],{t,0,4},PlotStyle->{Blue},Prolog->{Text["y=Y[t]",{1,3}] }]} }]

≫ ≫ ≫

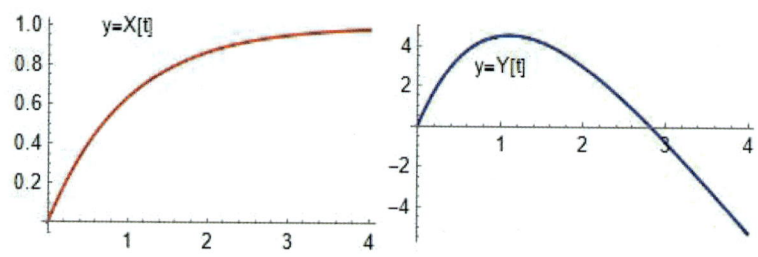

<보충설명>

위의 경우는 Grid[{{Plot, Plot}}] 꼴로 표현된 것임을 알 수 있다.
만약 격자평면의 테두리를 씌우고자 하면 Grid[{{A,B}},Frame->All]로 옵션을 추가한다.

5. 매스매티카로 비선형계-거의 선형계 풀기

거의 선형계는 선형계와는 달리 해석적 방법으로 풀리지는 않지만 임계점 근방에서는 선형으로 근사하여 해를 분석할 수 있는 비선형계를 뜻한다. 매스매티카에서는 거의 선형계에서 수치적 방법을 통해 해를 추정할 수 있다.

NDSolve는 보간법을 이용하여 미분방정식의 해의 근사해를 구하는 함수이다. 보간법은 변수의 경계 내부에서 함수값을 근사하여 추정하는 방법을 말한다. NDSolve함수는 NDSolve[{방정식1,방정식2,초기조건1,초기조건2},{종속변수},{독립변수,경계의 아래끝,경계의 위끝}]의 형식으로 사용한다.

거의 선형계로 분석할 수 있는 한 예시를 살펴보자.

$$\begin{cases} x'(t) = F(x,y) = x(t) - x(t)^2 - x(t)y(t) & (x(t=0) = x_0) \\ y'(t) = G(x,y) = 0.75y(t) - y(t)^2 - 0.5x(t)y(t) & (y(t=0) = y_0) \end{cases}$$

임계점에서는 변화율이 각각 0이므로

$x(1-x-y) = y(0.75-y-0.5x) = 0$ 인 방정식을 얻을 수 있다.

이를 만족하는 임계점은 $(x,y) = (0,0), (0,0.75), (1,0), (0.5,0.5)$ 이 있다.

임계점 근방에서 두 식 $F(x,y), G(x,y)$를 전개하기 위해서

편도함수를 계산하면 다음과 같다.

$$\begin{cases} F_x(x,y) = 1 - 2x - y, & F_y(x,y) = -x, & F_{xy}(x,y) = -1 \\ G_x(x,y) = -0.5y, & G_y(x,y) = 0.75 - 2y - 0.5x, & G_{xy}(x,y) = -0.5 \end{cases}$$

가. 시간에 따른 추이 살펴보기

다음과 같은 비선형 연립미분방정식과 초기조건이 주어져 있다.

$$\begin{cases} x'(t) = F(x,y) = x(t) - x(t)^2 - x(t)y(t) & (x(t=0) = 0.4) \\ y'(t) = G(x,y) = 0.75y(t) - y(t)^2 - 0.5x(t)y(t) & (y(t=0) = 0.6) \end{cases}$$

먼저 한 임계점 $(0.5, 0.5)$에 대해 미분방정식을 전개해보자.

$$x'(t) \fallingdotseq -0.5(x-0.5) - 0.5(y-0.5) - \frac{1}{2}(x-0.5)(y-0.5)$$

$$y'(t) \fallingdotseq -0.25(x-0.5) - 0.5(y-0.5) - \frac{1}{4}(x-0.5)(y-0.5)$$

$\begin{cases} X = x - 0.5 \\ Y = y - 0.5 \end{cases}$ 로 치환하여 다시 임계점 근방에서 재차 근사를 하면

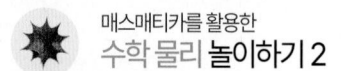

연립선형미분방정식 $\begin{cases} X'(t) \risingdotseq -0.5X - 0.5Y \\ Y'(t) \risingdotseq -0.25X - 0.5Y \end{cases}$ 을 얻을 수 있다.

행렬 $B = \begin{pmatrix} -0.5 & -0.5 \\ -0.25 & -0.5 \end{pmatrix}$ 에 대해 고유값을 각각 λ_1, λ_2

고유벡터를 ξ_1, ξ_2 라 하면

$\lambda_1 = \dfrac{-2+\sqrt{2}}{4}, \lambda_2 = \dfrac{-2-\sqrt{2}}{4}$ 가 되고 $\xi_1 = \begin{bmatrix} \sqrt{2} \\ -1 \end{bmatrix}, \xi_2 = \begin{bmatrix} \sqrt{2} \\ 1 \end{bmatrix}$

매스매티카에서 행렬 B 를 정의하고 고유값, 고유벡터를 구해보자.

B={{-0.5,-0.5},{-0.25,-0.5}};Eigenvalues[B]
Eigenvectors[B]

≫≫≫

{-0.853553,-0.146447}
{{0.816497,0.57735},{0.816497,-0.57735}}

이고 이는 위에서 계산한 실제값과 상응하는 결과이다.

따라서 임계점 $(0.5, 0.5)$ 근방에서의 근사 일반해는 아래와 같다.

$$(X, Y)^T \risingdotseq c_1(\sqrt{2}, -1)^T \exp\left(\dfrac{-2+\sqrt{2}}{4}t\right) + c_2(\sqrt{2}, 1)^T \exp\left(\dfrac{-2-\sqrt{2}}{4}t\right)$$

$\lim\limits_{t \to \infty} X(t) = \lim\limits_{t \to \infty} Y(t) = 0$ 이므로 $\lim\limits_{t \to \infty} x(t) = \lim\limits_{t \to \infty} y(t) = 0.5$ 가 된다.

매스매티카에서는 비선형 미분방정식을 NDSolve함수를 활용하여 수치적 방법으로 해결할 수 있다. 가로축을 시간 t 로 두고 세로축을 함수 $x(t), y(t)$ 의 값을 표시하여 그래프를 그릴 수 있다. 코드는 아래와 같다.

```
A=NDSolve[{x'[t]==x[t]-(x[t])^2-x[t]*y[t],y'[t]==0.75*y[t]-(y[t])^2-0.5*x[t]*y[t],x[0]==0.4,y[0]==0.6},{x,y},{t,0,30}]
X[t_]:=x[t]/.A[[1]]
Y[t_]:=y[t]/.A[[1]]
Plot[{X[t],Y[t]},{t,0,30},PlotLabel->"x[0]==0.4,y[0]==0.6",PlotLegends->{"x=x[t]","y=y[t]"},AxesLabel->{"t",""}]
```

≫≫≫

연립 제차선형계

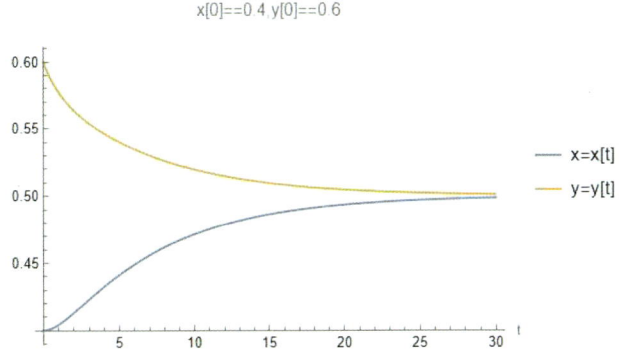

이제 초기조건을 조금 다르게 주고 추이를 살펴보자.

$$\begin{cases} x'(t) = x(t) - x(t)^2 - x(t)y(t) & (x(t=0) = 1.2) \\ y'(t) = 0.75y(t) - y(t)^2 - 0.5\,x(t)y(t) & (y(t=0) = 0) \end{cases}$$

먼저 한 임계점 $(1, 0)$에 대해 미분방정식을 전개해보자.

$$x'(t) \fallingdotseq -(x-1) - y - \frac{1}{2}(x-1)y$$

$$y'(t) \fallingdotseq 0.25y - \frac{1}{4}(x-1)y$$

$\begin{cases} X = x-1 \\ Y = y \end{cases}$ 로 치환하여 다시 임계점 근방에서 재차 근사를 하면

연립선형미분방정식 $\begin{cases} X'(t) \fallingdotseq -X - Y \\ Y'(t) \fallingdotseq 0.25Y \end{cases}$ 을 얻을 수 있다.

행렬 $B = \begin{pmatrix} -1 & -1 \\ 0 & 0.25 \end{pmatrix}$ 에 대해 고유값을 각각 λ_1, λ_2
고유벡터를 ξ_1, ξ_2라 하면

$\lambda_1 = -1$, $\lambda_2 = \dfrac{1}{4}$ 가 되고 $\xi_1 = \begin{bmatrix} 1 \\ 0 \end{bmatrix}$, $\xi_2 = \begin{bmatrix} 4 \\ -5 \end{bmatrix}$

매스매티카에서 행렬B를 정의하고 고유값, 고유벡터를 구해보자.

```
B={{-1,-1},{0,0.25}}; Eigenvalues[B]
Eigenvectors[B]
```

≫≫≫
```
    {-1,0.25}
    {{1.,0.},{-0.624695,0.780869}}
```

이고 이는 위에서 계산한 실제값과 상응하는 결과이다.

따라서 임계점 $(1,0)$ 근방에서의 근사일반해는 아래와 같다.

$$(X,Y)^T \risingdotseq c_1(1,0)^T e^{-t} + c_2(4,-5)^T e^{0.25t}$$

이 경우는 $t=0$ 에서의 초기조건 $(x,y) = (x_0, y_0)$ 에서 y_0 값이 0이냐 아니냐에 따라 c_2 값이 0 이냐 아니냐가 변하게 된다. $c_2 \neq 0$ 이면 이 계는 임계점 근방에서 발산하는 결과가 나오므로 임계점 $(1,0)$ 은 안장점이다. 하지만 위의 미분방정식에서는 초기조건이 $y(t=0)=0$ 이므로 $c_2 = 0$ 이다. 따라서

$\lim_{t \to \infty} X(t) = \lim_{t \to \infty} Y(t) = 0$ 이고

$\lim_{t \to \infty} x(t) = 1$, $\lim_{t \to \infty} y(t) = 0$ 가 된다.

코드는 아래와 같다.

```
A=NDSolve[{x'[t]==x[t]-(x[t])^2-x[t]*y[t],y'[t]==0.75*y[t]-(y[t])^2-0.5*x[t]*y[t],x[0]
==1.2,y[0]==0},{x,y},{t,0,30}];
X[t_]:=x[t]/.A[[1]]
Y[t_]:=y[t]/.A[[1]]
Plot[{X[t],Y[t]},{t,0,30},PlotLabel->"x[0]=1.2,y[0]=0",PlotLegends->{"x=x[t]","y=y[t]"}
,
AxesLabel->{"t",""}]
```

≫≫≫

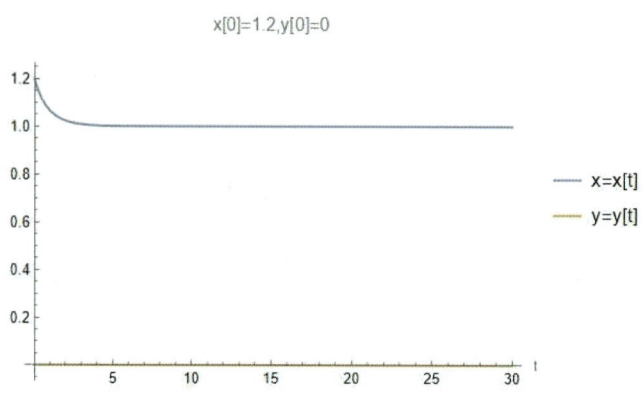

나. 초기값에 따른 전체적 개형 살피기

시간 t 의 진행에 따라 $x(t), y(t)$ 가 서로 어떤 영향을 주면서 변하는지 알아보거나 전체적인

연립 제차선형계

$(x(t), y(t))$의 흐름을 알고 싶을 때는 다양한 초기조건에 따라 $(x(t), y(t))$의 흐름을 표시하는 함수를 Module을 활용하여 제작하고 ParametricPlot 함수를 활용하여 나타내는 것이 좋다.

아래에서는 초기값에 $x(t=0)=i$, $y(t=0)=j$ 따라 시작점 (i,j)를 표시하고 $(x(t), y(t))$의 자취의 흐름을 각자 다른 random한 색상으로 나타내는 함수 A[i,j] 를 제작하고 서로 다른 세 개의 초기값에 대해 결과를 보여줄 수 있게 코딩하였다.

$$\begin{cases} x'(t) = x(t) - x(t)^2 - x(t)y(t) & (x(t=0)=i) \\ y'(t) = 0.75y(t) - y(t)^2 - 0.5\,x(t)y(t) & (y(t=0)=j) \end{cases}$$

```
A[i_,j_]:=Module[{B,x,y,X,Y},B=NDSolve[{x'[t]==x[t]-(x[t])^2-x[t]*y[t],y'[t]==0.75*y[t]-(y[t])^2-0.5*x[t]*y[t],x[0]==i,y[0]==j},{x,y},{t,0,30}];
  X[t_]:=x[t]/.B[[1]];
  Y[t_]:=y[t]/.B[[1]];
f1=ParametricPlot[{X[t],Y[t]},{t,0,30},PlotStyle->{Hue[Random[]]},AxesLabel->{"x","y"}},
PlotRange->{{0,1},{0,1}}];
  f2=Graphics[Disk[{i,j},0.01]];
  f3=Graphics[Text[Style[ToString[{i,j},StandardForm]],{i,j+0.1}]];
  Show[{f1,f2,f3}]]
 Show[{A[0.1,0.1],A[0.3,0.3],A[0.7,0.8]}]
```

≫≫≫

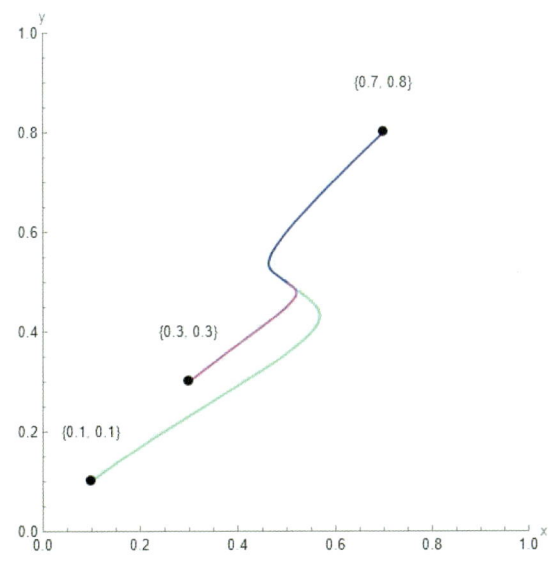

<보충설명>

위에서 정한 f1, f2, f3 에 대해 설명하면 아래와 같다.

f1은 $(X(t), Y(t))$를 $0 \leq t \leq 30$사이에서 자취를 표현하되 색상은 random으로 $[0,1] \times [0,1]$에서 자취를 매개변수함수그래프로 나타내는 것을 의미한다.

f2는 시작점을 표시하기 위한 것으로 중심을 (i, j)로 하고 반지름이 0.01인 점(Disk)를 그래픽으로 나타낸 것이다.

f3는 점의 좌표를 입력하는 텍스트를 의미한다. Text함수와 ToString함수에 대한 설명은 아래와 같다.

ToString[표현식]는 표현식을 문자열의 형태로 표시하는 함수이고

ToString[표현식,StandardForm]는 표현식을 표준형의 문자열로 표시하는 함수이다.

Text[Style[문자,색,글자크기],{a,b}]는 (a, b)의 위치에 지정된 색과 지정된 크기의 문자를 출력하고 싶을 때 사용한다.

도형과 글자는 모두 Graphics를 통해 실제로 그림으로 출력할 수 있다.

… 연립 제차선형계

6. 매스매티카로 로트카-볼테라 방정식 풀기

거의 선형계로 분석할 수 있는 비선형계의 유명한 예로 피식자-포식자 개체수의 관계를 나타낸 로트카-볼테라 방정식이 있다.

아래의 식은 로트카-볼테라 방정식에서 계수와 초기값을 임의로 정하였다. $x(t)$는 피식자의 개체수이고 $y(t)$는 포식자의 개체수이다.

$$\begin{cases} x'(t) = F(x,y) = x(t) - 0.5x(t)y(t) & (x(t=0) = x_0) \\ y'(t) = G(x,y) = -0.75y(t) + 0.25\,x(t)y(t) & (y(t=0) = y_0) \end{cases}$$

임계점에서는 변화율이 각각 0이므로
$x(1 - 0.5y) = y(-0.75 + 0.25x) = 0$ 인 방정식을 얻을 수 있다.
이를 만족하는 임계점 $(x,y) = (0,0), (3,2)$ 이 있다.
임계점 근방에서 두 식 $F(x,y), G(x,y)$를 전개하기 위해서 편도함수를 계산하면 다음과 같다.

$$\begin{cases} F_x(x,y) = 1 - 0.5y, & F_y(x,y) = -0.5x & , F_{xy}(x,y) = -0.5 \\ G_x(x,y) = 0.25y & , G_y(x,y) = -0.75 + 0.25x, & G_{xy}(x,y) = 0.25 \end{cases}$$

가. 시간에 따른 추이 살펴보기

다음과 같은 비선형 연립미분방정식과 초기조건이 주어져 있다.

$$\begin{cases} x'(t) = x(t) - 0.5x(t)y(t) & (x(t=0) = 2.5) \\ y'(t) = -0.75y(t) + 0.25\,x(t)y(t) & (y(t=0) = 2.5) \end{cases}$$

먼저 한 임계점 $(3,2)$에 대해 미분방정식을 전개해보자.

$$x'(t) \fallingdotseq -1.5(y-2) - \frac{1}{4}(x-3)(y-2)$$

$$y'(t) \fallingdotseq 0.5(x-3) + \frac{1}{4}(x-3)(y-2)$$

$\begin{cases} X = x - 3 \\ Y = y - 2 \end{cases}$ 로 치환하여 다시 임계점 근방에서 재차 근사를 하면

연립선형미분방정식 $\begin{cases} X'(t) \fallingdotseq -1.5Y \\ Y'(t) \fallingdotseq 0.5X \end{cases}$ 을 얻을 수 있다.

행렬 $B = \begin{pmatrix} 0 & -1.5 \\ 0.5 & 0 \end{pmatrix}$ 에 대해 고유값을 각각 λ_1, λ_2 고유벡터를 ξ_1, ξ_2라 하면

$\lambda_1 = \dfrac{\sqrt{3}}{2}i,\ \lambda_2 = -\dfrac{\sqrt{3}}{2}i$가 되고 $\xi_1: \begin{bmatrix} \sqrt{3} \\ -i \end{bmatrix}$, $\xi_2 = \begin{bmatrix} \sqrt{3} \\ i \end{bmatrix}$

매스매티카에서 행렬 B를 정의하고 고유값, 고유벡터를 구해보자.

B={{0,-1.5},{0.5,0}};
Eigenvalues[B]
Eigenvectors[B]를 실행하면

≫≫≫
{0.866025 I,-0.866025 I}
{{-0.866025,0.5 I},{-0.866025,-0.5 I}}

이고 이는 위에서 계산한 실제값과 상응하는 결과이다.

따라서 임계점 $(3,2)$근방에서의 근사일반해는 아래와 같다.

$$(X, Y)^T \fallingdotseq c_1(\sqrt{3}, -i)^T \exp\left(\dfrac{\sqrt{3}}{2}it\right) + c_2(\sqrt{3}, i)^T \exp\left(-\dfrac{\sqrt{3}}{2}it\right)$$

이 경우는 시간 t가 흐름에 따라 (X, Y)가 진동하는 형태를 띠게 된다는 것을 알 수 있다. 구체적인 (X, Y)의 자취의 흐름을 알고자 하는 것도 어렵지 않다.

$\dfrac{dY}{dX} = \dfrac{Y'(t)}{X'(t)} = -\dfrac{3X}{Y}$에서 $3XdX + YdY = d\left(\dfrac{3}{2}X^2 + \dfrac{1}{2}Y^2\right) = 0$이다.

$3X^2 + Y^2$의 값이 일정하므로 이는 중심이 $(0,0)$인 타원을 의미하며
초기값이 임계점$(3,2)$ 근방에 있을 때는 (x, y)의 자취는 임계점 $(3,2)$ 둘레를 순회할 것이라고 결론지을 수 있다.

코드는 아래와 같다.

```
A=NDSolve[{x'[t]==x[t]-0.5*x[t]*y[t],y'[t]==-0.75*y[t]+0.25*x[t]*y[t],x[0]==2.5,y[0]==2.5},{x,y},{t,0,30}]
X[t_]:=x[t]/.A[[1]]
Y[t_]:=y[t]/.A[[1]]
Plot[{X[t],Y[t]},{t,0,30},PlotLabel->"x[0]==2.5,y[0]==2.5",PlotLegends->{"x=x[t]","y=y[t]"},
AxesLabel->{"t",""}]
```

≫≫≫

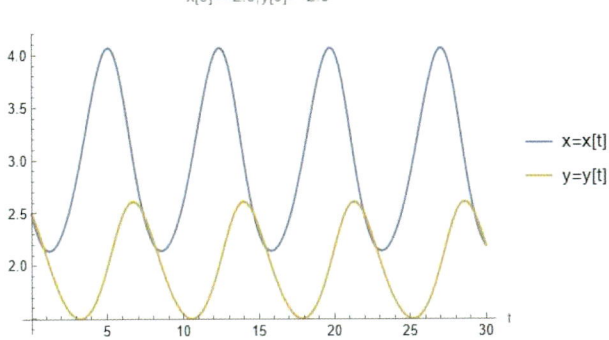

이제는 초기조건을 달리하는 아래의 경우를 분석해보자.

$$\begin{cases} x'(t) = x(t) - 0.5x(t)y(t) & (x(t=0) = 0.1) \\ y'(t) = -0.75y(t) + 0.25x(t)y(t) & (y(t=0) = 0) \end{cases}$$

먼저 한 임계점 $(0, 0)$에 대해 미분방정식을 전개해보자.

$x'(t) \fallingdotseq x - \dfrac{1}{4}xy$

$y'(t) \fallingdotseq -0.75y + \dfrac{1}{8}xy$

다시 임계점 근방에서 재차 근사를 하면

연립선형미분방정식 $\begin{cases} x'(t) \fallingdotseq x \\ y'(t) \fallingdotseq -0.75y \end{cases}$ 을 얻을 수 있다.

행렬 $B = \begin{pmatrix} 1 & 0 \\ 0 & -0.75 \end{pmatrix}$ 에 대해 고유값을 각각 λ_1, λ_2
고유벡터를 ξ_1, ξ_2라 하면

$\lambda_1 = 1, \lambda_2 = -0.75$ 가 되고 $\xi_1 = \begin{bmatrix} 1 \\ 0 \end{bmatrix}$, $\xi_2 = \begin{bmatrix} 0 \\ 1 \end{bmatrix}$

따라서 임계점 $(0, 0)$ 근방에서의 근사일반해는 아래와 같다.

$$(x, y)^T \fallingdotseq c_1(1, 0)^T e^t + c_2(0, 1)^T e^{-0.75t}$$

이 경우는 $t = 0$에서의 초기조건 $(x, y) = (x_0, y_0)$에서 x_0값이 0이냐 아니냐에 따라 c_1값이 0이냐 아니냐가 변하게 된다. $c_1 \neq 0$ 이면 이 계는 임계점 근방에서 발산하는 결과가 나오므로 임계점 $(0, 0)$은 안장점이다. 하지만 위의 미분방정식에서는 초기조건이 $x(t=0) = 0.1 \neq 0$이

다. 따라서 $c_1 \neq 0$이므로

$\lim_{t \to \infty} x(t) = \infty$, $\lim_{t \to \infty} y(t) = 0$가 된다.

코드는 아래와 같다.

```
A=NDSolve[{x'[t]==x[t]-0.5*x[t]*y[t],y'[t]==-0.75*y[t]+0.25*x[t]*y[t],x[0]==0.1,y[0]==0},
{x,y},{t,0,10}]
X[t_]:=x[t]/.A[[1]]
Y[t_]:=y[t]/.A[[1]]
Plot[{X[t],Y[t]},{t,0,10},PlotLabel->"x[0]==0.1,y[0]==0",PlotLegends->{"x=x[t]","y=y[t]"},
AxesLabel->{"t",""}]
```

≫≫≫

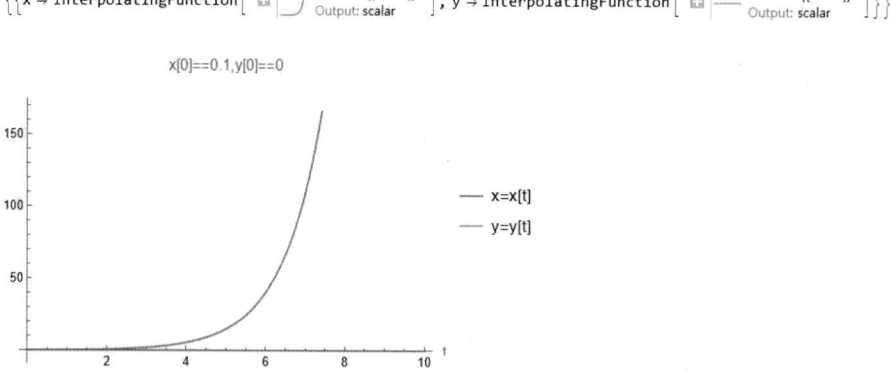

나. 초기값에 따른 전체적 개형 살피기

시간 t의 진행에 따라 $x(t), y(t)$가 서로 어떤 영향을 주면서 변하는지 알아보거나 전체적인 $(x(t), y(t))$의 흐름을 알고 싶을 때는 다양한 초기조건에 따라 $(x(t), y(t))$의 흐름을 표시하는 함수를 Module을 활용하여 제작하고 ParametricPlot함수를 활용하여 나타내는 것이 좋다.

아래에서는 초기값에 $x(t=0) = i$, $y(t=0) = j$ 따라 시작점 (i, j)를 표시하고 $(x(t), y(t))$의 자취의 흐름을 각자 다른 random한 색상으로 나타내는 함수 A[i,j]를 제작하고 서로 다른 세 개의 초기값에 대해 결과를 보여줄 수 있게 코딩하였다.

```
A[i_,j_]:=Module[{B,x,y,X,Y},
B=NDSolve[{x'[t]==x[t]-0.5*x[t]*y[t],y'[t]==-0.75*y[t]+0.25*x[t]*y[t],x[0]==i,y[0]==j
```

```
},{x,y},{t,0,30}];
  X[t_]:=x[t]/.B[[1]];
  Y[t_]:=y[t]/.B[[1]];
f1=ParametricPlot[{X[t],Y[t]},{t,0,30},PlotStyle->{Hue[Random[]]},AxesLabel->{"x","y"}
},
PlotRange->{{1,4},{1,4}}];
  f2=Graphics[Disk[{i,j},0.03]];
  f3=Graphics[Text[Style[ToString[{i,j},StandardForm]],{i,j+0.1}]];
  Show[{f1,f2,f3}]]
Show[{A[3.1,2.1],A[2.5,2.1],A[3.3,2.5]}]
```

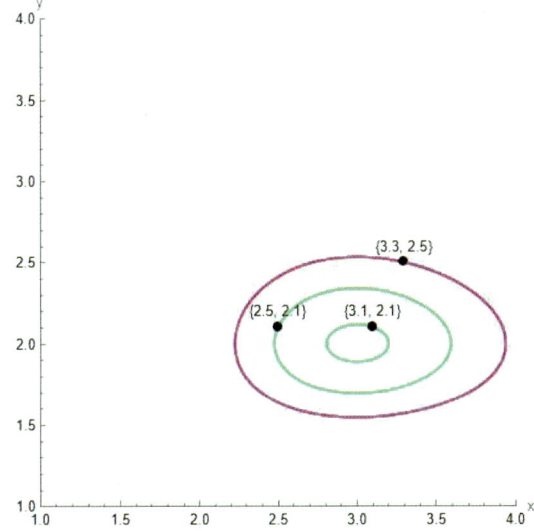

Ⅲ. 매스매티카로 다양한 프로그램 만들기

1. 행성 운동

가. 행성 운동의 이론적 분석

이제 행성 운동에 관한 코딩을 다루고자 한다. 따라서 행성 운동이 따르는 방정식을 이해할 필요가 있다. 여기서는 두 개의 행성으로 이뤄진 이체문제(예를 들면 태양-지구, 태양-수성)만을 고려하기로 한다.

두 개의 질량체로 구성된 이체에서의 라그랑지언 L은

큰 질량체의 질량을 m_1, 작은 질량체의 질량을 m_2,

r은 태양-행성간 벡터라고 정의할 때,

Jerry B. Marion, Stephen T.Thornton(1995)의 저서 CLASSICAL DYNAMICS OF PARTICLES AND SYSTEMS(4th)를 참고하면 아래와 같다.

$$L = \frac{1}{2}\mu|\dot{\boldsymbol{r}}|^2 - U(r) = \frac{1}{2}\mu|\dot{\boldsymbol{r}}|^2 + \frac{k}{r}$$
$$= \frac{1}{2}\mu(\dot{r}^2 + r^2\dot{\theta}^2) + \frac{k}{r}$$

(μ는 환산질량으로 $\mu = \dfrac{m_1 m_2}{m_1 + m_2}$을 의미한다)

오일러-라그랑지 방정식을 r, θ에 대해 계산하면 각각 다음과 같다.

$$\begin{cases} \dfrac{\partial L}{\partial r} = \dfrac{d}{dt}\left(\dfrac{\partial L}{\partial \dot{r}}\right) \\ \mu(\ddot{r} - r\dot{\theta}^2) = -\dfrac{\partial U}{\partial r} = -\dfrac{k}{r^2} = F(r) \end{cases}$$

$$\begin{cases} \dot{p_\theta} = \dfrac{\partial L}{\partial \theta} = 0 = \dfrac{d}{dt}\left(\dfrac{\partial L}{\partial \dot{\theta}}\right) \\ p_\theta = \dfrac{\partial L}{\partial \dot{\theta}} = \mu r^2 \dot{\theta} = l\,(= 일정) \end{cases}$$

(1) 유효퍼텐셜에너지 $V_{eff}(r)$을 통한 궤도 분석

$$E = \frac{1}{2}\mu(\dot{r}^2 + r^2\dot{\theta}^2) + U(r) = \frac{1}{2}\mu(\dot{r}^2 + r^2\dot{\theta}^2) - \frac{k}{r}$$

$$= \frac{1}{2}\mu\dot{r}^2 + \left(-\frac{k}{r} + \frac{l^2}{2\mu r^2}\right) = \frac{1}{2}\mu\dot{r}^2 + V_{eff}(r)$$

유효퍼텐셜에너지의 그래프는 아래와 같으며, 이를 통해 이체의 에너지에 따른 궤도운동을 다음과 같이 분류할 수 있다.

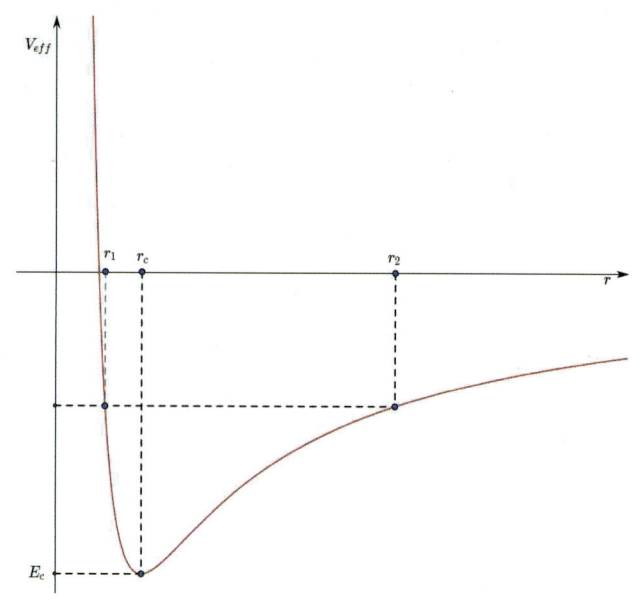

$m_1 \gg m_2$ 일 때 작은 질량체의 궤도운동	
① $E = E_c$	이면 원궤도
② $E_c < E < 0$	이면 타원궤도
③ $E = 0$	이면 포물선궤도
④ $E > 0$	이면 쌍곡선궤도

여기서는 원궤도와 타원궤도에 대해 수식을 통해 분석하겠다.

(가) $E = E_c$ 인 경우(원궤도)

$\dot{r} = 0$에서 $r = r_c$이고 여기서 $V_{eff}{'}(r = r_c) = 0$이므로 $r_c = \frac{l^2}{k\mu}$이다.

$m_1 \gg m_2$일 때 작은 질량체는 큰 질량체에 대해 원궤도 운동을 한다.

(나) $E_c < E < 0$ 인 경우(타원궤도)

$r = r_1$ 혹은 $r = r_2$에서 $\dot{r} = 0$이고 이 때,

$E = -\dfrac{k}{r} + \dfrac{l^2}{2\mu r^2}$ 이므로 이차방정식에서 근의 공식을 통해

$$\dfrac{1}{r} = \dfrac{k\mu}{l^2} \pm \sqrt{\left(\dfrac{k\mu}{l^2}\right)^2 + \dfrac{2\mu E}{l^2}} = \dfrac{1}{r_c} \pm \sqrt{\left(\dfrac{1}{r_c}\right)^2 + \dfrac{2\mu E}{l^2}}$$

(여기서 $+$부호는 $r = r_1$을 의미하고 $-$부호는 $r = r_2$를 의미한다.)

$m_1 \gg m_2$일 때 작은 질량체는 큰 질량체에 대해 타원궤도 운동을 한다. 그리고 근점거리는 r_1이고, 원점거리는 r_2 이다.

(2) 미분방정식을 통한 궤도 분석

$u = \dfrac{1}{r}$로의 치환을 통해 변형된 미분방정식을 풀면 또한 타원궤도를 유도할 수 있다. 아래의 내용은 Jerry B. Marion, Stephen T.Thornton(1995)의 저서 CLASSICAL DYNAMICS OF PARTICLES AND SYSTEMS(4th)를 참고하였다.

$u = \dfrac{1}{r}$로 치환하면

$$\dfrac{du}{d\theta} = \dfrac{du}{dr}\dfrac{dr}{d\theta} = -\dfrac{1}{r^2}\dfrac{\dot{r}}{\dot{\theta}}$$

위 식에 $\dot{\theta} = \dfrac{l}{\mu r^2}$을 대입하면

$\dfrac{du}{d\theta} = -\dfrac{\mu}{l}\dot{r}$

$\dfrac{d^2 u}{d\theta^2} = \dfrac{d}{d\theta}\left(\dfrac{du}{d\theta}\right) = \dfrac{d}{d\theta}\left(-\dfrac{\mu}{l}\dot{r}\right) = -\dfrac{\mu}{l\dot{\theta}}\ddot{r}$

$= -\dfrac{\mu^2 r^2 \ddot{r}}{l^2}$ 이다.

$\begin{cases} \ddot{r} = -\dfrac{l^2}{\mu^2} u^2 \dfrac{d^2 u}{d\theta^2} \\ r\dot{\theta}^2 = \dfrac{l^2}{\mu^2} u^3 \end{cases}$ 을 $\mu(\ddot{r} - r\dot{\theta}^2) = -\dfrac{\partial U}{\partial r} = -\dfrac{k}{r^2}$ 에 대입하면

$\dfrac{d^2 u}{d\theta^2} + u = \dfrac{\mu k}{l^2}$ $(=$ 일정$)$ 인 미분방정식이 된다.

이 미분방정식의 근은 $u = \dfrac{\mu k}{l^2} + A\cos\theta$ 가 되는데

앞서 유효퍼텐셜에너지를 통한 궤도분석에서 수치 $\dfrac{\mu k}{l^2} = \dfrac{1}{r_c}$ 를 대입하고 타원궤도를 따름을 가정하면

$u = \dfrac{1}{r} = \dfrac{1}{r_c} + \sqrt{\left(\dfrac{1}{r_c}\right)^2 + \dfrac{2\mu E}{l^2}} \cos\theta$ 이다.

($m_1 \gg m_2$ 일 경우 $\theta = 0$ 일 때는 작은 질량체는 근점 위치에 있고, $\theta = \pi$ 일때는 작은 질량체가 원점 위치에 있다.)

(3) 이심률을 통한 해의 분석

$E = \dfrac{1}{2}\mu \dot{r}^2 - \dfrac{k}{r} + \dfrac{l^2}{2\mu r^2}$ 에서

$\dot{r} = \pm \sqrt{\dfrac{2}{\mu}\left(E + \dfrac{k}{r} - \dfrac{l^2}{2\mu r^2}\right)}$ 이고 $d\theta = \dfrac{\dot\theta}{\dot r} dr = \dfrac{l}{\mu r^2} \dfrac{dr}{\dot r}$ 에서

θ를 계산하기 위한 적분식에서 양의 부호만을 취해서 적분하면

$\theta = \int d\theta = \int \dfrac{l}{r^2} \dfrac{dr}{\sqrt{2\mu\left(E + \dfrac{k}{r} - \dfrac{l^2}{2\mu r^2}\right)}}$ 이고 $r = \dfrac{1}{u}$를 대입하여

u에 대한 식으로 표현하면

$\theta = \int \dfrac{-du}{\sqrt{-u^2 + \dfrac{2\mu k}{l^2} u + \dfrac{2\mu E}{l^2}}}$

$= -\int \dfrac{du}{\sqrt{-\left(u - \dfrac{\mu k}{l^2}\right)^2 + \dfrac{2\mu E l^2 + \mu^2 k^2}{l^4}}}$ 이다.

$\dfrac{1}{r_c} = \dfrac{\mu k}{l^2}$ 임을 이용하여 위의 적분을 계산하면

$\theta - \theta_0 = -\sin^{-1}\left(\dfrac{l^2}{\sqrt{2\mu E l^2 + \mu^2 k^2}}\left(\dfrac{1}{r} - \dfrac{1}{r_c}\right)\right)$

$$= \cos^{-1}\left\{\frac{l^2}{\mu k}\frac{1}{\sqrt{1+\frac{2El^2}{\mu k^2}}}\left(\frac{1}{r}-\frac{1}{r_c}\right)\right\}, \text{ 이심률 } \epsilon=\sqrt{1+\frac{2El^2}{\mu k^2}} \text{ 로 정의하면}$$

$$= \cos^{-1}\left\{\frac{r_c}{\epsilon}\left(\frac{1}{r}-\frac{1}{r_c}\right)\right\}$$

즉 $\cos(\theta-\theta_0) = \frac{r_c}{\epsilon}\left(\frac{1}{r}-\frac{1}{r_c}\right) = \frac{1}{\epsilon}\left(\frac{r_c}{r}-1\right)$

$$\frac{r_c}{r} = 1 + \epsilon\cos(\theta-\theta_0)$$

$m_1 \gg m_2$ 일 때, 큰 질량체를 점 $F(0,0)$에 고정되어 있고 작은 질량체를 점 P로 표현하면 아래와 같이 그 궤도를 이심률 ϵ에 따라 세 이차곡선으로 분류할 수 있다. 여기서부터는 이차곡선의 방정식을

$\frac{\alpha}{r} = \epsilon(1+\cos\theta)$로 표현하도록 하겠다($r_c \to \alpha$).

(가) $\epsilon = 1$ (포물선궤도)

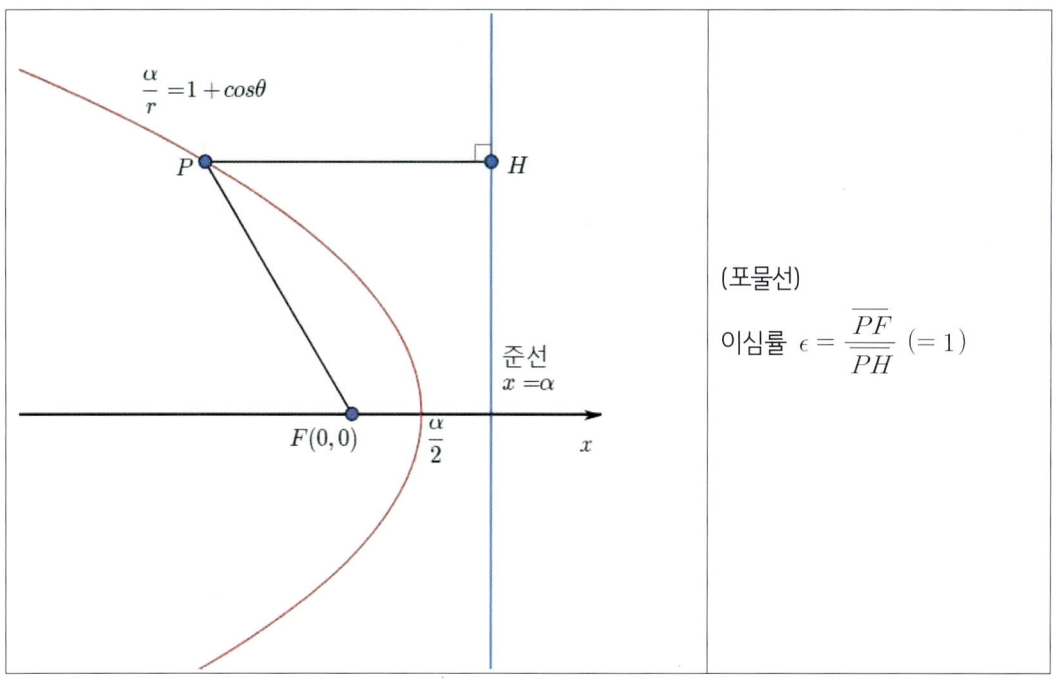

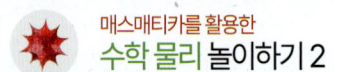

(나) $0 < \epsilon < 1$ (타원궤도)

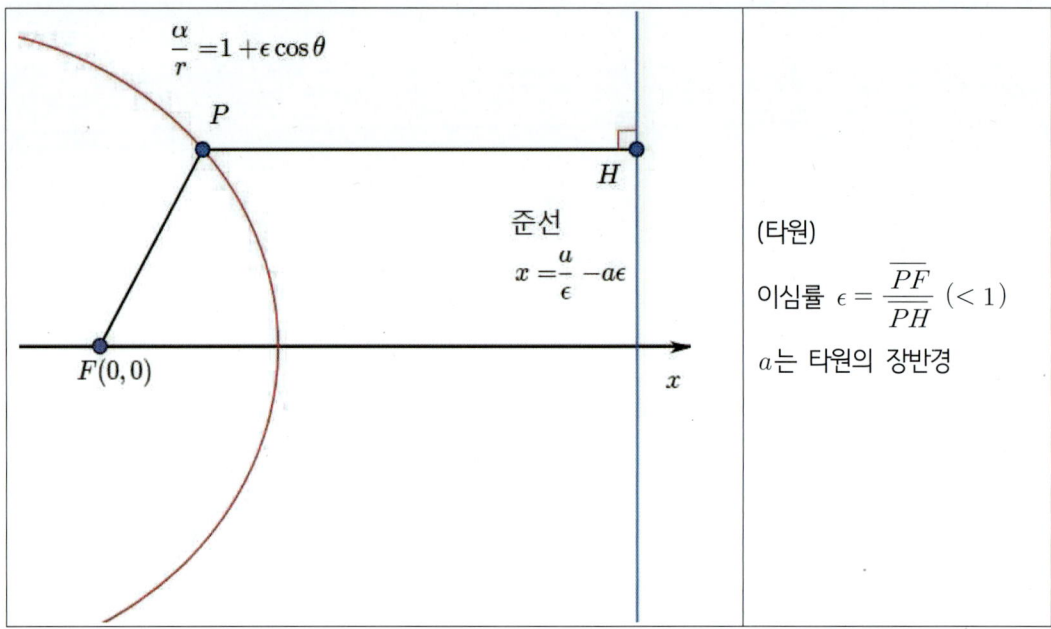

(타원)

이심률 $\epsilon = \dfrac{\overline{PF}}{\overline{PH}}$ (<1)

a는 타원의 장반경

(다) $\epsilon > 1$ (쌍곡선궤도)

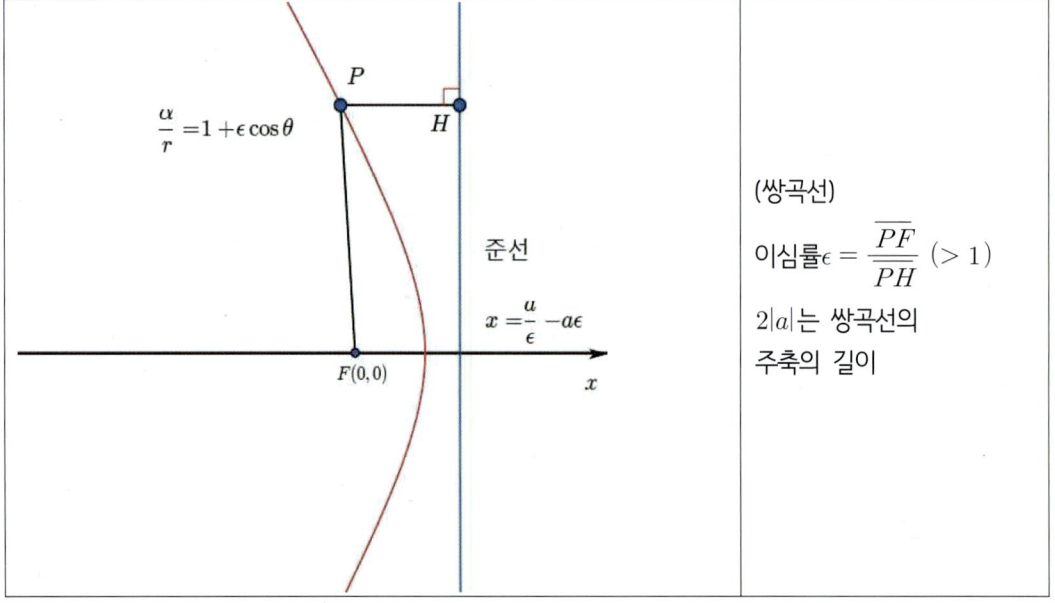

(쌍곡선)

이심률 $\epsilon = \dfrac{\overline{PF}}{\overline{PH}}$ (>1)

$2|a|$는 쌍곡선의 주축의 길이

(4) 타원궤도를 도는 행성계의 에너지

Jerry B. Marion, Stephen T.Thornton(1995)의 저서 CLASSICAL DYNAMICS OF PARTICLES AND SYSTEMS(4th)를 참고하였다.

타원궤도 방정식 $\frac{\alpha}{r} = 1 + \epsilon \cos\theta$ 에서 $(0 < \epsilon < 1)$

$\theta = 0$ 이면 $r = \frac{\alpha}{1+\epsilon}$ (행성은 근점에 위치)

$\theta = \pi$ 이면 $r = \frac{\alpha}{1-\epsilon}$ (행성은 원점에 위치)

따라서 타원궤도의 장반경을 a 라고 할 때,

$$a = \frac{1}{2}\left(\frac{\alpha}{1+\epsilon} + \frac{\alpha}{1-\epsilon}\right) = \frac{\alpha}{1-\epsilon^2}$$

그리고 $1 - \epsilon^2 = \frac{2|E|l^2}{\mu k^2}$, $\alpha = r_c = \frac{l^2}{\mu k}$ 을 대입하면

$$a = \alpha \frac{\mu k^2}{2|E|l^2} = \frac{k}{2|E|} \quad \text{이다.}$$

따라서 타원궤도를 도는 행성의 에너지는 $E = -\frac{k}{2a}$

(5) 행성의 근일점 이동

Jerry B. Marion, Stephen T.Thornton(1995)은 그의 저서 CLASSICAL DYNAMICS OF PARTICLES AND SYSTEMS(4th)에서 행성의 근일점 이동에 대해 설명하고 있다.

이체에서 $m_1 \gg m_2$ 이면 이체는 큰 질량체를 초점으로 하고 작은 질량체는 타원궤도를 돌게 된다. 이체간에 적용되는 힘이 거리의 역제곱법칙을 따르면 정확히 타원운동을 한다. 이를 우리의 태양계에 적용해보자.

태양계의 행성은 태양을 초점으로 하여 타원궤도를 도는 것이 뉴턴역학에 따른 결과이다. 행성의 근일점은 태양을 초점으로 한 궤도에서 태양에 가장 가까운 지점을 의미하는데 궤도운동에서 이 근일점의 위치가 계속 변하는 것을 행성의 근일점 이동이라고 한다. 수성의 경우 백년동안 43초(″)만큼 근일점의 각이 변한다고 알려져 있는데 이는 고전역학으로는 설명할 수 없다. 아인슈타인의 일반상대론은 이 세차속도 43″/세기를 설명할 수 있다. 태양계에서 행성의 근일점 이동은 태양 중력을 강하게 받고 이심률이 큰 수성에서 관측하기 좋다.

일반상대론에 의하면 중력이 아주 강할 때 중력법칙에서 $\frac{1}{r^4}(=u^4)$의 아주 미소한 힘 성분을 추가하여 운동을 고려해야 함을 말하고 있다.

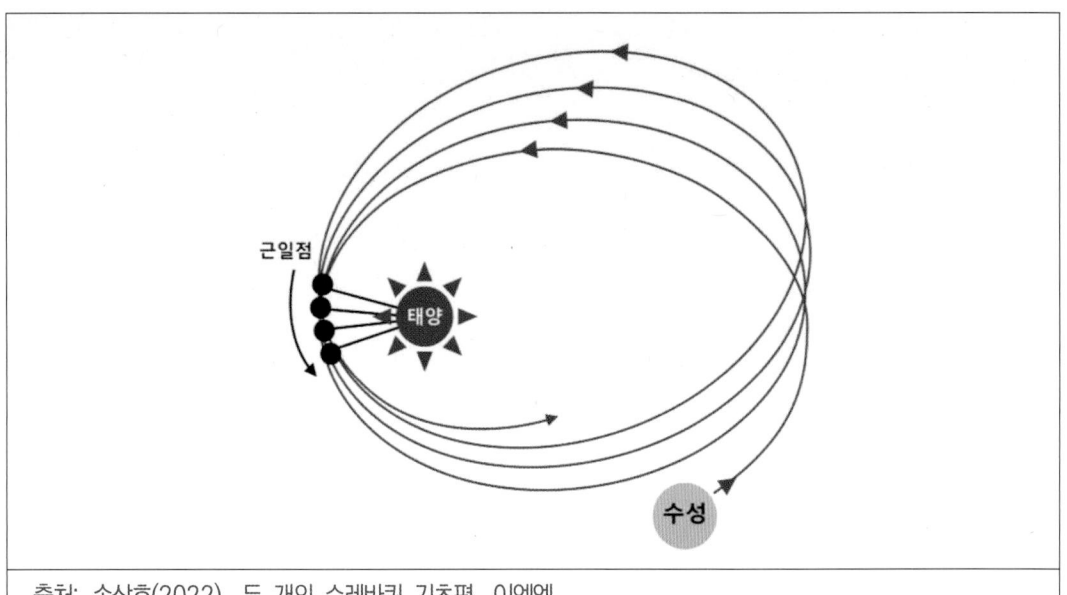

출처: 손상호(2022). 두 개의 수레바퀴 기초편. 이엔엠

상대론적 효과를 무시한 고전역학에서는 $\frac{d^2u}{d\theta^2}+u=\frac{\mu k}{l^2}$임을 상기하자. 여기서 이제 큰 질량체의 강력한 중력 효과를 고려하면 큰 질량체(태양)의 질량을 M, 작은 질량체(행성)의 질량을 m이라 할 때, $M \gg m$이므로 환산질량 μ는 $\mu=\frac{mM}{m+M}\approx m$으로 대체하고 상수 k는 $k=GMm$을 대입하자. 그러면 행성 운동의 미분방정식은 $\frac{d^2u}{d\theta^2}+u=\frac{Gm^2M}{l^2}+\frac{3GM}{c^2}u^2$이 된다. 여기서 $\frac{1}{\alpha}=\frac{Gm^2M}{l^2}$, $\delta=\frac{3GM}{c^2}$으로 두면 미분방정식은 다음과 같다.

$$\frac{d^2u}{d\theta^2}+u=\frac{1}{\alpha}+\delta u^2$$

일반상대론의 효과를 무시한 해를 $u=u_0$라고 할 때, $u_0=\frac{1}{\alpha}(1+\epsilon\cos\theta)$이다.

일반상대론에 의해 추가된 해를 u_r이라 할 때, $u=u_o+u_r$이고 $u=\frac{1}{\alpha}(1+\epsilon\cos\theta+\frac{\delta\epsilon}{\alpha}\theta\sin\theta)$가 된다는 것이 알려져 있다.

(자세한 유도과정은 J.B.Marion 외(1995)의 CLASSICAL DYNAMICS OF PARTICLES

AND SYSTEMS(4th)를 참고하길 바란다.)

분자에 해당하는 식을 살펴보자.

$1+\epsilon\cos\theta+\frac{\delta\epsilon}{\alpha}\theta\sin\theta \fallingdotseq 1+\epsilon(\cos\theta\cos\frac{\delta\theta}{\alpha}+\sin\theta\sin\frac{\delta\theta}{\alpha})$

$=1+\epsilon\cos(\theta-\frac{\delta\theta}{\alpha})$ 이다.

따라서 $u=\frac{1}{\alpha}\left(1+\epsilon\cos(\theta-\frac{\delta\theta}{\alpha})\right)$ 이다.

행성의 근점과 다음 근점 간 각의 차이를 $\Delta\theta$라고 하고 코사인 항을 살펴보자(태양계에서는 행성의 근일점과 다음 근일점 간 이동각을 의미한다).

$\Delta\theta-\frac{\delta}{\alpha}\Delta\theta=2\pi$로 놓으면

$\Delta\theta=\frac{2\pi}{1-\frac{\delta}{\alpha}} \fallingdotseq 2\pi(1+\frac{\delta}{\alpha})$ 이다.

따라서 일반상대론의 효과로 인한 근일점 이동 각도는

$2\pi\frac{\delta}{\alpha}=2\pi\frac{Gm^2M}{l^2}\cdot\frac{3GM}{c^2}=6\pi\left(\frac{GmM}{cl}\right)^2$ 이 된다. 이 식을 타원궤도의 이심률과 장반경에 대한 식으로 표현가능하다.

이동각 $2\pi\frac{\delta}{\alpha}=6\pi\left(\frac{GmM}{cl}\right)^2=\frac{6\pi}{c^2}\cdot\frac{k^2}{l^2}=\frac{6\pi}{c^2}\cdot\frac{2|E|}{\mu(1-\epsilon^2)}$

$=\frac{6\pi}{c^2}\frac{2}{\mu(1-\epsilon^2)}\cdot\frac{k}{2a} \fallingdotseq \frac{6\pi GM}{ac^2(1-\epsilon^2)}$

나. 테이블을 활용한 다양한 행성 운동의 정적 자취

이체로 구성된 행성계에서 두 질량체간의 거리를 r 이라 하고 $u=\frac{1}{r}$ 이라고 할 때, 행성 운동은 아래의 미분방정식에 의해 결정된다.

$$\frac{d^2u}{d\theta^2}+u=\frac{\mu k}{l^2}\ (=일정)$$

위 미분방정식의 우변이 상수이므로 매스매티카를 통해 행성 운동의 자취를 나타내고자 아래와 같은 아이디어를 사용하여 코딩을 제작하였다.

미분방정식은 $u''(\theta)+u(\theta)=\frac{1}{con}$ 으로 두고, 초기조건으로 $u(\theta=0)=u0$, $u'(\theta=0)=up0$

을 부여하였다.

행성의 자취를 나타내기 위해 행성의 좌표를 (x, y)라고 할 때,

$$(x(\theta), y(\theta)) = (r(\theta)\cos\theta, r(\theta)\sin\theta) = (\frac{1}{u(\theta)}\cos\theta, \frac{1}{u(\theta)}\sin\theta)$$ 과 같이 나타낼 수 있다.

아래의 코드에서는 con, u0, up0 에 따라 행성의 자취를 보여주는 함수를 planet 함수로 직접 제작하였다.

```
planet[con_,u0_,up0_]:=Module[{A,u,U,r,x,y},A=NDSolve[{u''[theta]+u[theta]==1/con,u[0]==u0,u'[0]==up0},{u},{theta,0,10*Pi}];
  U[theta_]:=u[theta]/.A[[1]];
  r[theta_]:=1/U[theta];
  x[theta_]:=r[theta]*Cos[theta];
y[theta_]:=r[theta]*Sin[theta];ParametricPlot[{x[th],y[th]},{th,0,10*Pi},PlotRange->{{-2,90},{-40,30}},PlotLabel->Style["con="<>ToString[con]<>", u(0)="<>ToString[u0]<>",  u'(0)="<>ToString[up0]]]]
Table[planet[con,u0,up0],{con,1,7,6},{u0,0.02,0.04,0.02},{up0,0.1,0.4,0.3}]
```

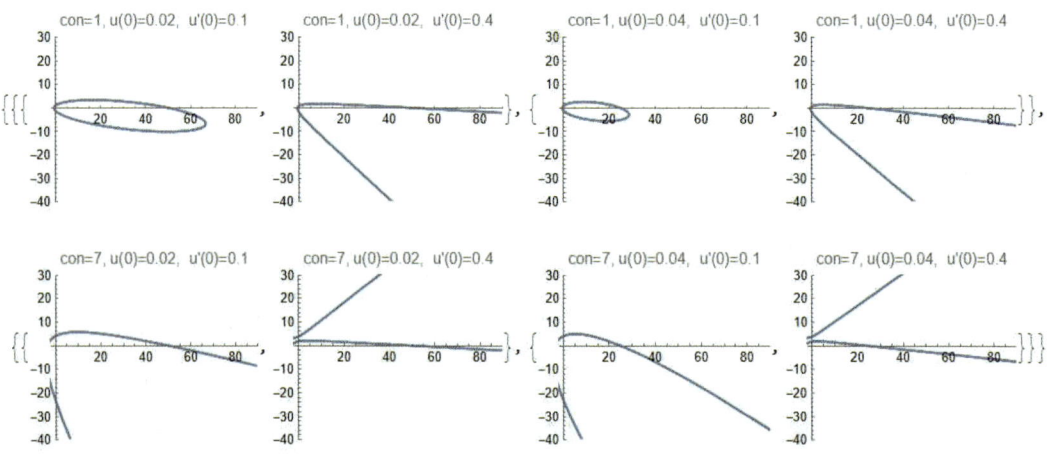

<보충설명>

PlotLabel-> Style[이하] 대신 PlotLabel->{이하}로 입력하여도 동일한 결과가 출력된다.

하지만 Style함수를 사용하면 쓰지 않았을 때에 비하여 글자의 색상과 크기를 다양하게 선택할 수 있다.

PlotLabel->Style[이하,FontSize->n,색상]으로 그래프 라벨의 글자 크기와 글자 색상을 조절할 수 있다. 여기서 FontSize->n 을 생략하고 숫자 n만 표기하여도 글자 크기 조정이 가능하다.

다. Manipulate를 활용한 행성 운동의 정적 자취

이체로 구성된 행성계에서 두 질량체간의 거리를 r이라 하고 $u = \frac{1}{r}$이라고 할 때, 아래의 미분방정식에 의해 행성 운동을 설명할 수 있다.

$$\frac{d^2u}{d\theta^2} + u = \frac{\mu k}{l^2} \, (=일정)$$

위 미분방정식의 우변이 상수이므로 매스매티카를 통해 행성 운동을 동영상으로 나타내고자 아래와 같은 아이디어를 사용하여 코딩을 제작하였다.

미분방정식은 $u''(\theta) + u(\theta) = \frac{1}{con}$ 으로 두고, 초기조건으로 $u(\theta=0) = u0$, $u'(\theta=0) = up0$ 을 부여하였다. 행성의 자취를 나타내기 위해 행성의 좌표를 (x, y)라고 할 때,

$(x(\theta), y(\theta)) = (r(\theta)\cos\theta, r(\theta)\sin\theta) = (\frac{1}{u(\theta)}\cos\theta, \frac{1}{u(\theta)}\sin\theta)$ 과 같이 나타낼 수 있다.

행성 운동의 자취가 어떠한 이차곡선을 따르는지는 동적변수이자 초기조건인 con, u0, up0 의 값에 의해 결정된다. 그리고 이 초기 조건들은 Plotlabel로 문자열함수 ToString을 사용하여 실시간으로 볼 수 있게 설정하였다.

```
Manipulate[Module[{A,u,U,r,x,y},A=NDSolve[{u''[theta]+u[theta]==1/con,u[0]==u0,u'[0]==up0},{u},{theta,0,10*Pi}];
  U[theta_]:=u[theta]/.A[[1]];
  r[theta_]:=1/U[theta];
  x[theta_]:=r[theta]*Cos[theta];
y[theta_]:=r[theta]*Sin[theta];ParametricPlot[{x[th],y[th]},{th,0,4*Pi},PlotRange->{{-5,5},{-2,2}},AxesLabel->{"x","y"},PlotLabel->Style["con="<>ToString[con]<>", u(0)="<>ToString[u0]<>",   u'(0)="<>ToString[up0]]]],{con,0.1,2},{u0,-1,2},{up0,0,5}]
```

≫≫≫

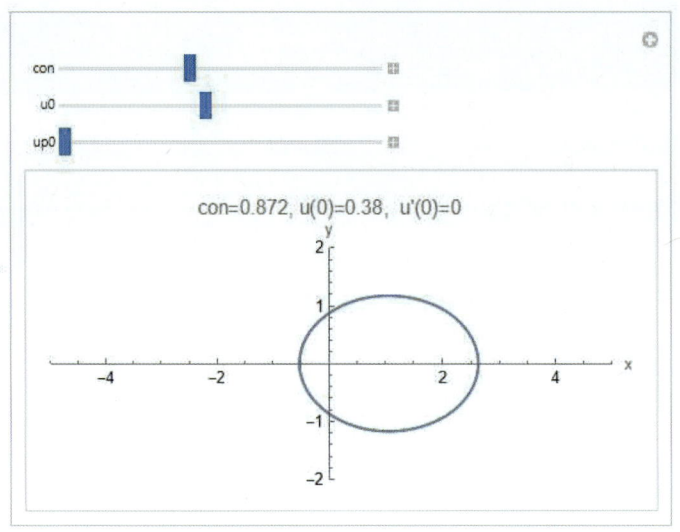

라. 타원궤도를 도는 행성의 근일점 이동

무거운 질량체를 초점으로 하여 타원궤도를 도는 행성은 이심률이 크고 중력의 영향을 크게 받을 정도로 무거운 질량체를 근거리에서 회전할 때, 타원궤도의 근점이 계속적으로 이동한다는 것을 일반상대론은 예측하고 있다. 이러한 근점 이동을 매스매티카를 통해 동영상으로 나타내보자.

고전역학에 의하면 두 질량체간의 거리를 r이라 하고 $u = \dfrac{1}{r}$ 이라고 할 때, 궤도의 운동은 $\dfrac{d^2u}{d\theta^2} + u = \dfrac{\mu k}{l^2} (= 일정)$ 인 미분방정식에 의해 설명할 수 있다. 하지만 중력의 영향이 상당히 클 때는 $\dfrac{d^2u}{d\theta^2} + u = \dfrac{1}{\alpha} + \delta u^2$ 인 미분방정식으로 변하게 된다(단, $\dfrac{1}{\alpha} = \dfrac{Gm^2M}{l^2}$, $\delta = \dfrac{3GM}{c^2}$).

근일점 이동 현상을 동영상으로 나타내기 위해 미분방정식은 $u''(\theta) + u(\theta) = \dfrac{1}{con} + 0.02u^2$ 으로 두고 초기조건은 $u(\theta = 0) = u0$, $u'(\theta = 0) = up0$로 두었다. 여기서 미분방정식의 우변의 상수인 $\dfrac{1}{\alpha}$, δ는 $\dfrac{1}{\alpha} \gg \delta$이어야 하는데 근일점 이동 현상(이동각 $= 2\pi \dfrac{\delta}{\alpha}$)을 보다 가시적으로 관찰하고자 δ값을 약간 크게 정하여 $\dfrac{1}{con} = \dfrac{1}{\alpha} = \dfrac{1}{6} ≒ 0.16$, $\delta = 0.02$ 게 두고 코딩을 제작하였다. planet함수는 con, u0, up0값에 맞게 회전각 th가 $[0, Th]$인 범위에서의 행성의 궤도를 그려주는 함수이다. 여기서는

{con,u0,up0}를 여러 번의 시도를 통해 적절한 값인 {6 , 0.05 , 0.1}로 잡아서 planet[6,0.05,0.1]의 결과를 테이블 함수를 통해 Th가 2π에서 12π까지 증분 2π로 하여 그래프를 나타내었다.

```
planet[con_,u0_,up0_]:=Module[{A,u,U,r,x,y},A=NDSolve[{u''[theta]+u[theta]==1/con
+0.02*u[theta]^2,u[0]==u0,u'[0]==up0},{u},{theta,0,12*Pi}];
  U[theta_]:=u[theta]/.A[[1]];
  r[theta_]:=1/U[theta];
  x[theta_]:=r[theta]*Cos[theta];
y[theta_]:=r[theta]*Sin[theta];ParametricPlot[{x[th],y[th]},{th,0,Th},PlotRange->
{{-10,70},{-60,20}},PlotLabel->Style["con="<>ToString[con]<>", u(0)="<>
ToString[u0]<>",  u'(0)="<>ToString[up0]]]]
Table[planet[6,0.05,0.1],{Th,2*Pi,12*Pi,2*Pi}]
```

≫ ≫ ≫

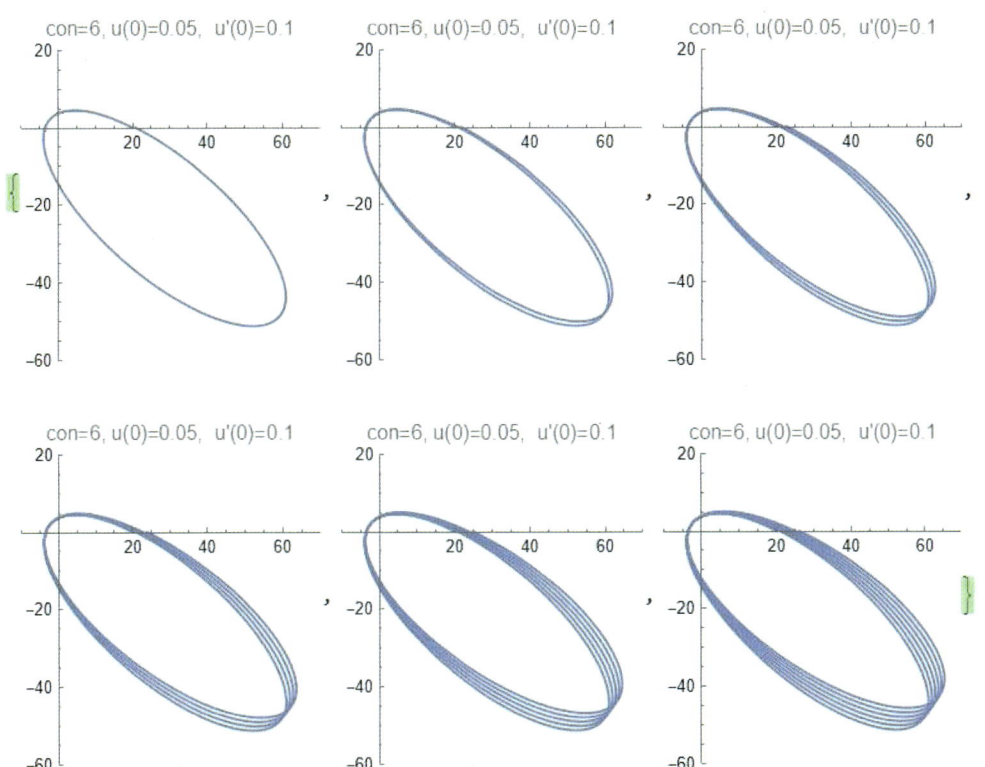

마. 행성 운동의 동영상

이체의 운동에서 한 행성의 질량이 다른 행성의 질량보다 압도적으로 클 때를 가정하면, 가벼운 행성은 무거운 행성을 중심으로 이차곡선 궤도를 움직인다. 이러한 상황에서 μ는 가벼운 행성의 질량이고 r은 초점을 의미하는 무거운 행성에서 가벼운 행성까지의 거리를 의미한다. 운동을 결정하는 미분방정식은 아래와 같다.

$$\begin{cases} \mu(\ddot{r}-r\dot{\theta}^2) = -\dfrac{k}{r^2} \\ \mu r^2 \dot{\theta} = l \, (= 일정) \end{cases}$$

$r(t=0) = r_0$, $\theta(t=0) = \theta_0$, $\dot{\theta}(t=0) = \dot{\theta}_0$ 라고 하고 편의상 $\mu = 1$로 잡자.
그러면 미분방정식은 아래와 같이 변한다.

$$\begin{cases} \ddot{r} - r\dot{\theta}^2 = -\dfrac{k}{r^2} & (r(t=0) = r_0) \\ r^2 \dot{\theta} = r_0^2 \dot{\theta}_0 & (\theta(t=0) = \theta_0, \dot{\theta}(t=0) = \dot{\theta}_0) \end{cases}$$

편의상 $k=3$ 로 잡고 아래의 코딩을 제작하였다.

운동의 동영상은 동적변수인 r0(initial distance로 표시), th0(initial angle로 표시), thp0(initial angular velocity로 표시)에 의해 변하고 tmax(time으로 표시)에 의해 진행된다.

```
Manipulate[Module[{r,th,t},k=3;
sol=NDSolve[{(r[t]^2)*th'[t]==((r0)^2)*thp0,r''[t]-r[t]*(th'[t])^2==-k/r[t]^2,th[0]==th0,r[0]==r0,th'[0]==thp0},{r,th},{t,0,30}];
  R[t_]:=r[t]/.sol[[1]];
  Th[t_]:=th[t]/.sol[[1]];
  x[t_]:=Evaluate[R[t]*Cos[Th[t]]];
  y[t_]:=Evaluate[R[t]*Sin[Th[t]]];
Show[{ParametricPlot[{x[T],y[T]},{T,0,tmax},PlotRange->{{-1,3},{-1,3}},Axes->True,PlotStyle->Thin],Graphics[{{Blue,Disk[{x[tmax],y[tmax]},0.05]},{Red,Disk[{0,0},0.13]}
}]}]],
{{tmax,0.1,"time"},0.1,50,0.001,AnimationRate->0.7,Appearance->"Labeled"},
{{r0,1,"initial distance"},1,2,0.2,Appearance->"Labeled"},
{{th0,0,"initial angle"},0,1,0.1,Appearance->"Labeled"},
{{thp0,0.1,"initial angular velocity"},0.1,1,0.1,Appearance->"Labeled"}]
```

≫≫≫

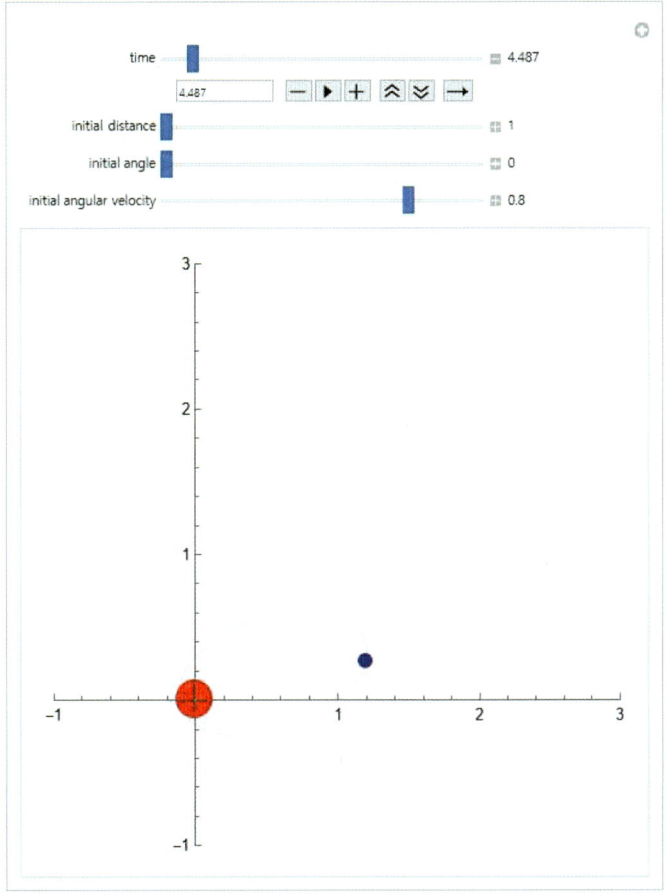

2. 사이클로이드

사이클로이드는 평면에서 원이 미끄러짐 없이 굴러갈 때 원 위의 한 점이 그리는 자취를 의미하는 곡선이다.

반지름이 r인 원이 평면에서 미끄러짐 없이 굴러갈 때, 도는 각 $t(rad)$에 대해 사이클로이드 곡선을 매개변수로 표현하면 다음과 같다.

$$\begin{cases} x = r(t - \sin t) \\ y = r(1 - \cos t) \end{cases}$$

가. 평면에서 굴러가는 사이클로이드 동영상

사이클로이드 곡선의 그래프와 곡선 위의 점이 움직이는 동영상을 아래에서 여러 가지 방법으로 코딩하였다.

(방법1)

아래의 코드는 이장훈(2012)(Mathematica GuideBook,교우사)를 참조하였다.

```
x[r_,t_]:=r*(t-Sin[t]);
y[r_,t_]:=r*(1-Cos[t]);
cycloid=ParametricPlot[{x[1,t],y[1,t]},{t,0,4*Pi},
Ticks->{{0,Pi,2*Pi,3*Pi,4*Pi},{0,0.5,1,1.5,2}},
AxesLabel->{"x","y"}];
Manipulate[
A1={Dashing[{0.01}],Circle[{angle,1},1]};
B1=Line[{{angle,1},{x[1,angle],y[1,angle]}}];
C1=Disk[{x[1,angle],y[1,angle]},0.15];
Show[cycloid,Graphics[{A1,B1,C1}]],{angle,0,4*Pi,0.1*Pi}]
```

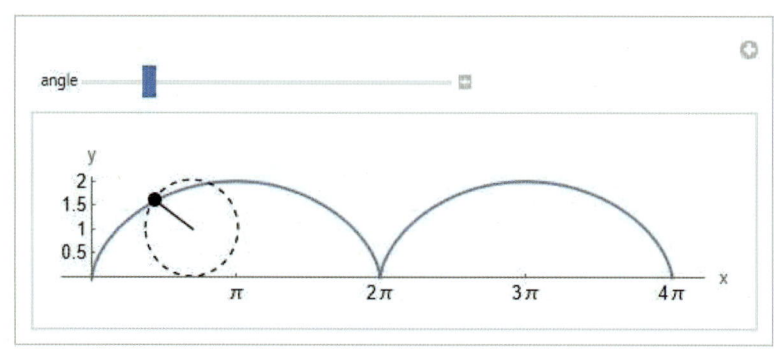

(방법2)

위와는 조금 다르게 시작에서 현재까지 지나온 궤적만을 표시하고 싶을 때는 아래와 같이 조금 다르게 코딩할 수도 있다.

x[r_,t_]:=r*(t-Sin[t]);
y[r_,t_]:=r*(1-Cos[t]);
Manipulate[cycloid=ParametricPlot[{x[1,t],y[1,t]},{t,0,angle},PlotRange->{{0,4*Pi},{0,2.2}},
Ticks->{{0,Pi,2*Pi,3*Pi,4*Pi},{0,0.5,1,1.5,2}},AxesLabel->{"x","y"}];
A1={Dashing[{0.01}],Circle[{angle,1},1]};
B1=Line[{{angle,1},{x[1,angle],y[1,angle]}}];
C1=Disk[{x[1,angle],y[1,angle]},0.15];
Show[cycloid,Graphics[{A1,B1,C1}]],
{angle,0.1Pi,4*Pi,0.1*Pi}]

≫≫≫

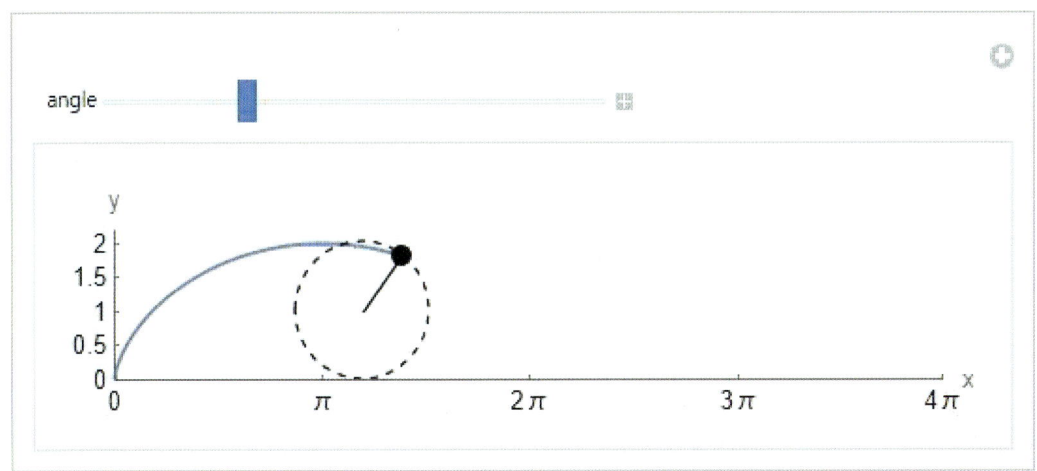

<보충설명>

angle 범위가 $[0.1\pi , 4\pi]$으로 정해진 이유는 $[0 , 4\pi]$이면 ParametricPlot에서 t가 $[0 , 0]$일 때는 모순이 생기기 때문이다.

(방법3)

지역변수를 활용하면 다양한 함수를 수월하게 정의할 수 있다. 앞서 소개한 사이클로이드를 조금 더 단순화하여 지역변수를 활용하여 사이클로이드 곡선운동 동영상을 다양하게 코딩할 수 있다.

x[t_]:=t-Sin[t];
y[t_]:=1-Cos[t];

```
Manipulate[Module[{gf},gf={Circle[{rad,1},1]};
ParametricPlot[{x[t],y[t]},{t,0,rad},PlotRange->{{0,4Pi+0.2},{0,2}},Epilog->{gf}]],
{rad,0.1Pi,3Pi,0.1Pi}]
```

≫≫≫

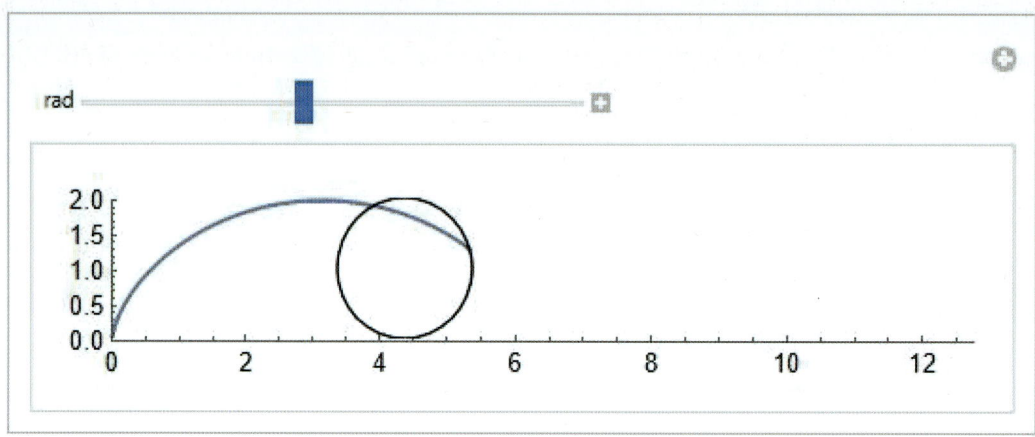

<보충설명>
위의 코드에서는 Module을 통해 지역변수를 지정하지 않아도 동일한 결과를 출력.

  (방법4)
```
x[t_]:=t-Sin[t];
y[t_]:=1-Cos[t];
Manipulate[Module[{gf},gf={Circle[{rad,1},1]};
cycloid=ParametricPlot[{x[t],y[t]},{t,0,rad},PlotRange->{{0,4Pi+0.2},{0,2}}];
Show[cycloid,Graphics[gf]]],{rad,0.1Pi,3Pi,0.1Pi}]
```

  (방법5)
```
x[t_]:=t-Sin[t];
y[t_]:=1-Cos[t];
Manipulate[
 gf={Circle[{rad,1},1]};
cycloid=ParametricPlot[{x[t],y[t]},{t,0,rad},PlotRange->{{0,4Pi+0.2},{0,2}}];
 Show[cycloid,Graphics[gf]],{rad,0.1Pi,3Pi,0.1Pi}]
```

나. 최단시간 경로를 따르는 사이클로이드 동영상

사이클로이드를 포함하여 시작점과 도착점이 각각 $(0,0)$, $(a\pi, -2a)$인 동일한 세 곡선의 운동에 대해 살펴보자. (단, 시작점에서 정지한 상태로 출발하고 도착점에서는 에너지보존법칙에 의해 속력이 모두 동일하다.)

이를 위해 사이클로이드, 기울어진 빗면을 의미하는 직선과 임의의 함수 $y = f(x)$에서의 운동에 대해 살펴보겠다.

(1) 사이클로이드

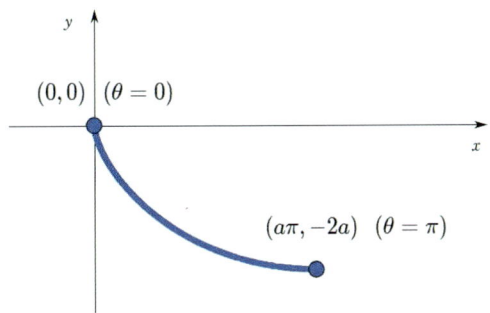

$$\begin{cases} x = a(\theta - \sin\theta) \\ y = -a(1 - \cos\theta) \end{cases} (0 \leq \theta \leq \pi)$$

물체의 질량이 1이고 운동에너지 T, 위치에너지 V라고 할 때, 라그랑지언 L은

$$L = T - V = \frac{1}{2}(\dot{x}^2 + \dot{y}^2) - gy = 2a^2\dot{\theta}^2\sin^2\frac{\theta}{2} + ag(1 - \cos\theta)$$

운동방정식은 오일러-라그랑지 방정식에서

$$\frac{\partial L}{\partial \theta} - \frac{d}{dt}\left(\frac{\partial L}{\partial \dot{\theta}}\right) = 0$$

$v^2 = \dot{x}^2 + \dot{y}^2 = 4a^2\dot{\theta}^2\sin^2\frac{\theta}{2}$ 이고

역학적에너지 보존법칙에서 $v^2 = -2gy$를 연립하면

$\dot{\theta} = \sqrt{\frac{g}{a}}$ 에서 $\theta(t) = \sqrt{\frac{g}{a}} t$ 이다.

최하점 도달 시간은 $\pi\sqrt{\frac{a}{g}}$

(2) 빗면

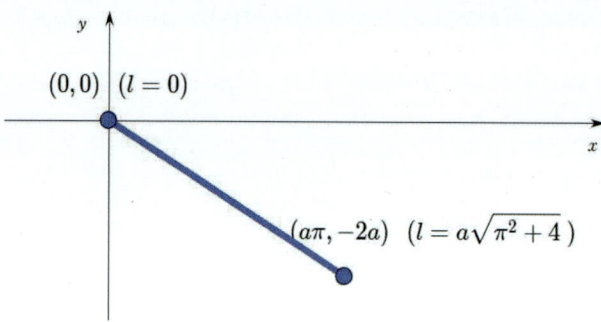

$$\begin{cases} x = l\cos\theta = l\dfrac{\pi}{\sqrt{\pi^2+4}} \\ y = -l\sin\theta = -l\dfrac{2}{\sqrt{\pi^2+4}} \end{cases} \quad (0 \le l \le a\sqrt{\pi^2+4})$$

물체의 질량이 1이고 운동에너지 T, 위치에너지 V라고 할 때, 라그랑지언 L은

$$L = T - V = \frac{1}{2}(\dot{x}^2 + \dot{y}^2) - gy = \frac{1}{2}(\dot{l}^2) + \frac{2gl}{\sqrt{\pi^2+4}}$$

운동방정식은 오일러-라그랑지 방정식에서

$$\frac{\partial L}{\partial l} - \frac{d}{dt}\left(\frac{\partial L}{\partial \dot{l}}\right) = 0$$

이를 풀면 $l = \dfrac{1}{2}g\sin\theta\, t^2 = \dfrac{g}{\sqrt{\pi^2+4}}t^2$ 가 나온다.

여기서 최하점 도착시간은 $\sqrt{\dfrac{a}{g}(\pi^2+4)}$

(3) 임의의 곡선 $y = f(x)$

$$\begin{cases} x = p \\ y = f(p) \quad (0 \le p \le a\pi) \end{cases}$$

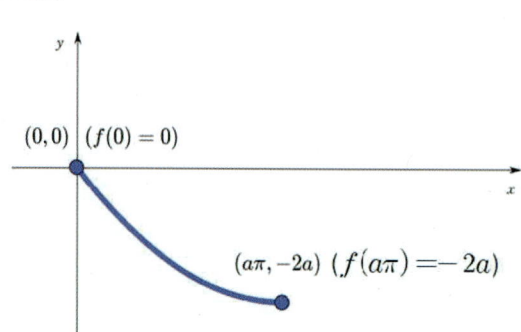

물체의 질량이 1이고 운동에너지 T, 위치에너지 V라고 할 때, 라그랑지언 L은

$$L = T - V = \frac{1}{2}(\dot{x}^2 + \dot{y}^2) - gy = \frac{1}{2}(\dot{p}^2 + \dot{p}^2 f'(p)^2) - gf(p)$$

운동방정식은 오일러-라그랑지 방정식에서

$$\frac{\partial L}{\partial p} - \frac{d}{dt}\left(\frac{\partial L}{\partial \dot{p}}\right) = 0$$

만약 곡선이 포물선이고 꼭지점이 $(a\pi, -2a)$라면

$$y = f(p) = \frac{2}{a\pi^2}p(p - 2a\pi)$$

코드에 대한 설명은 아래와 같다.

편의상 $a = 1$, $g = 10$ 으로 잡았다. 문제의 조건에서는 사이클로이드의 도착시간이 실제로 0.99에 근사하기 때문에 다른 경로들의 도착시간도 $t = 1$ 근방에서 별반 차이가 없을 것으로 예상할 수 있고 그 도착시간은 FindRoot함수를 사용하여 구할 수 있다. 각각의 물체가 도착점에 도달한 후에는 도착점에 정지한 것으로 표시하고자 앞서 구한 실제 도착시간에 따라 물체가 따르는 위치에 조건을 주는 If문을 사용하여 코딩에 반영하였다. 그리고 각 경로를 따를 때의 순간속력 v를 Text함수에 문자열 ToString 을 사용하여 곡선들의 아래쪽에 각기 다른 색상으로 표시하였다.

여기서 물체의 속력은 세로방향의 낙하거리가 h일 때 에너지보존법칙을 통해

$\frac{1}{2}mv^2 = mgh = mg\{-y좌표\}$ 이므로 순간속력은 $v = \sqrt{2g \times (-y좌표)}$ 이 된다.

운동의 동영상은 동적 변수인 T 에 의해 진행된다.

```
Manipulate[Module[{x1,y1,x2,y2,x3,y3,th,l,p,t,lag2,lag3,eq2,eq3,sol,r1x,r1y,r2x,r2y,r3x,r3y,rr1x,rr1y,rr2x,rr2y,rr3x,rr3y,Disk1,Disk2,Disk3,T1,T2,T3,v1,v2,v3},a=1;
 g=10;
 th[t_]:=Sqrt[g/a]*t;
 x1=a*(th[t]-Sin[th[t]]);
 y1=-a*(1-Cos[th[t]]);
 x2=l[t]*Pi/Sqrt[4+(Pi)^2];
 y2=-l[t]*2/Sqrt[4+(Pi)^2];
 x3=p[t];
 y3=2*p[t]*(p[t]-2*a*Pi)/(a*(Pi)^2);
 lag2:=(D[x2,t]^2+D[y2,t]^2)/2-(g*y2);
 lag3:=(D[x3,t]^2+D[y3,t]^2)/2-(g*y3);
 eq2:=D[D[lag2,l'[t]],t]-D[lag2,l[t]];
```

```
eq3:=D[D[lag3,p'[t]],t]-D[lag3,p[t]];
sol=NDSolve[{eq2==0,eq3==0,l[0]==0,l'[0]==0,p[0]==0,p'[0]==0},{l,p},{t,0,10}];
r1x[t_]:=Evaluate[a*(th[t]-Sin[th[t]])]/.sol[[1]];
r1y[t_]:=Evaluate[-a*(1-Cos[th[t]])]/.sol[[1]];
r2x[t_]:=Evaluate[l[t]*Pi/Sqrt[4+(Pi)^2]]/.sol[[1]];
r2y[t_]:=Evaluate[-l[t]*2/Sqrt[4+(Pi)^2]]/.sol[[1]];
r3x[t_]:=Evaluate[p[t]]/.sol[[1]];
r3y[t_]:=Evaluate[2*p[t]*(p[t]-2*a*Pi)/(a*(Pi)^2)]/.sol[[1]];
rr1x[t_]:=If[t<Pi*Sqrt[a/g],r1x[t],a*Pi];
rr1y[t_]:=If[t<Pi*Sqrt[a/g],r1y[t],-2*a];
rr2x[t_]:=If[t<s2[[1,2]],r2x[t],a*Pi];
rr2y[t_]:=If[t<s2[[1,2]],r2y[t],-2*a];rr3x[t_]:=If[t<s3[[1,2]],r3x[t],a*Pi];
rr3y[t_]:=If[t<s3[[1,2]],r3y[t],-2*a];
R2x[t_]:=t;
R2y[t_]:=-2*t/Pi;
R3x[t_]:=t;
R3y[t_]:=2*(t-2*a*Pi)*t/(a*(Pi^2));
s2=FindRoot[r2y[t]==-2,{t,1}];
s3=FindRoot[r3y[t]==-2,{t,1}];
Disk1=Disk[{rr1x[T],rr1y[T]},0.04];
Disk2=Disk[{rr2x[T],rr2y[T]},0.04];
Disk3=Disk[{rr3x[T],rr3y[T]},0.04];
v1=Sqrt[2*g*(-rr1y[T])];
v2=Sqrt[2*g*(-rr2y[T])];
v3=Sqrt[2*g*(-rr3y[T])];
A1=ParametricPlot[{r1x[r],r1y[r]},{r,0,Pi*Sqrt[a/g]},PlotStyle->Red];
A2=ParametricPlot[{R2x[r],R2y[r]},{r,0,a*Pi},PlotStyle->Blue];
A3=ParametricPlot[{R3x[r],R3y[r]},{r,0,a*Pi},PlotStyle->Black];
T1=Text[Style["cycloid, arrival time="<>ToString[N[Pi*Sqrt[a/g]]]<>", velocity="<>
ToString[N[v1]],Red],{1.3,-2.5}];
T2=Text[Style["plane, arrival time ="<>ToString[s2[[1,2]]]<>", velocity="<>
ToString[N[v2]],Blue],{1.3,-2.7}];
T3=Text[Style["parabola, arrival time="<>ToString[s3[[1,2]]]<>", velocity="<>
ToString[N[v3]],Black],{1.3,-2.9}];
Show[{A1,A2,A3},Graphics[{Disk1,Disk2,Disk3,T1,T2,T3}],PlotRange->{{0,4},{-3,1}}]]
,{T,0,1.5*Pi*Sqrt[a/g]}]
```

≫≫≫

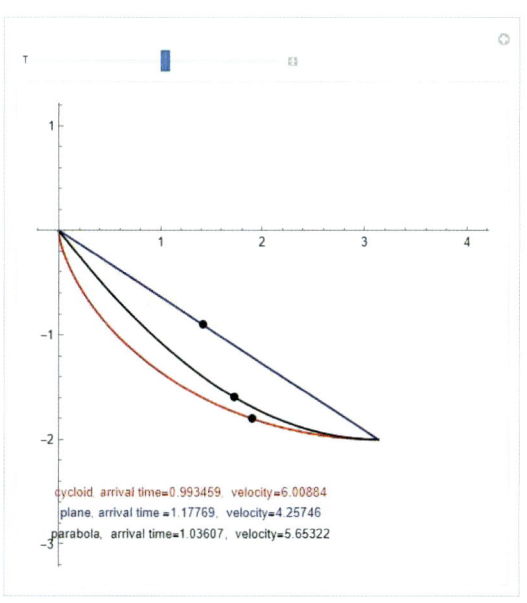

> **<보충설명>**
>
> Text[Style[문자,색깔],{a,b}] 는 문자를 {a,b}의 위치에 지정된 색으로 나타내는 것을 의미한다.

3. 단진자 운동

가. 비선형 단진자 운동의 동영상

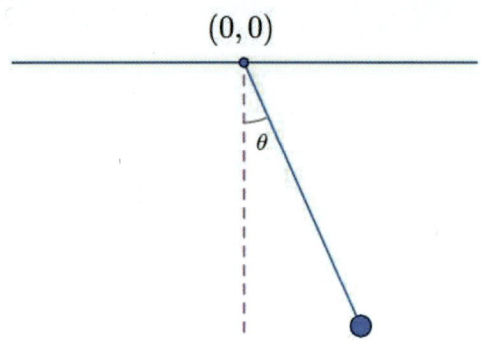

진자의 길이를 l, 진자의 질량을 m, 중력가속도를 g, 진자의 초기위치 $\theta(t=0) = \theta_0$ 라고 하자.

운동방정식은 $ml^2\ddot{\theta} = -mgl\sin\theta$ 이므로 정리하면 $\ddot{\theta} + \dfrac{g}{l}\sin\theta = 0$ 이다.

진자의 위치를 $(x(t), y(t))$ 라 하면 $(x(t), y(t)) = (l\sin\theta(t), -l\cos\theta(t))$ 이다.

아래의 코딩은 $g=9.8$, $l=7$, $\theta_0 = int$ 로 세팅하여 제작하였다.

운동의 동영상은 동적 변수들인 int(initial angle로 표시), m(mass로 표시), k(damping constant로 표시)에 의해 변하며 r(time으로 표시)에 의해 진행된다.

아래의 코드는 wolfram Demonstrations Project를 참고하였다. 참고 자료에는 댐핑을 무시하였지만 아래의 코드에서는 공기저항으로 인한 댐핑을 추가하였다.

<코드 참고자료>

Stephen Wilkerson

"An Oscillating Pendulum"

http://demonstrations.wolfram.com/AnOscillatingPendulum/

Wolfram Demonstrations Project

Published: March 7 2011

```
Manipulate[
Module[{sol,Th},
```

```
g=9.8;l=7;
sol=NDSolve[{m*l*th''[t]==-m*g*Sin[th[t]]-k*l*th'[t],th[0]==int,th'[0]==0},th,{t,15}];
Th[t_]:=th[t]/.sol[[1]];
ceiling=Line[{{-6,0},{6,0}}];
line=Line[{{0,0},{l*Sin[Th[r]],-l*Cos[Th[r]]}}];
fix={Red,Disk[{0,0},0.1]};
mass={Blue,Disk[{l*Sin[Th[r]],-l*Cos[Th[r]]},0.5*m^(1/3)]};
Graphics[{line,fix,mass,ceiling},PlotRange->{{-7,7},{-8,1}}]],
{{int,Pi/4,"initial angle"},Pi/16,Pi/3,Appearance->"Labeled"},
{{m,4,"mass m"},1,10,0.01,Appearance->"Labeled"},
{{k,1,"damping constant"},0,3,0.1,Appearance->"Labeled"},
{{r,0,"time"},0,12,0.01,Appearance->"Labeled"}]
```

≫≫≫

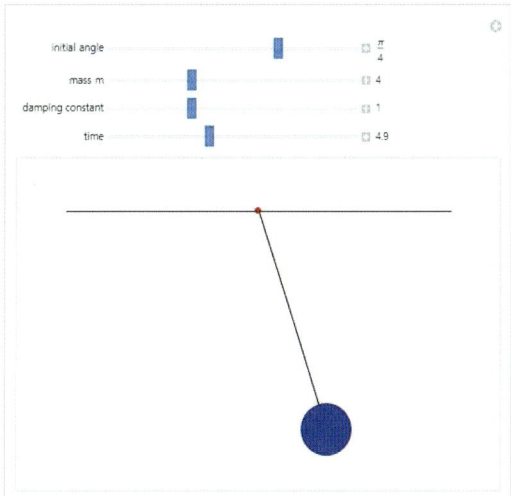

<보충설명>

위의 코드에서는 Module을 통해 지역변수를 지정하지 않아도 동일한 결과를 출력한다. 동적변수와 지역변수는 중복되지 않게 지정하여야 함에 유의하자.

나. 선형 및 비선형 단진자 운동의 비교

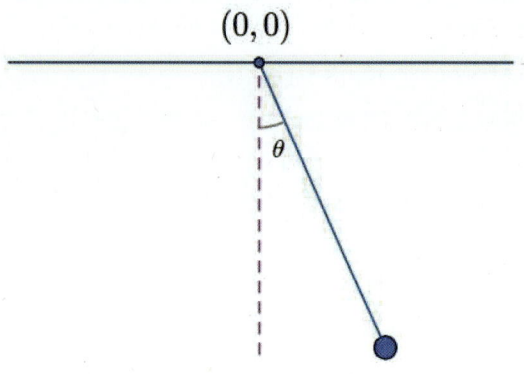

진자의 길이를 l, 진자의 질량을 m, 중력가속도를 g,
진자의 초기위치 $\theta(t=0) = \theta_0$ 라고 하자.

운동방정식은 $ml^2\ddot{\theta} = -mgl\sin\theta$ 이므로 정리하면 $\ddot{\theta} + \dfrac{g}{l}\sin\theta = 0$ 이다.

진자의 위치를 $(x(t), y(t))$ 라 하면 $(x(t), y(t)) = (l\sin\theta(t), -l\cos\theta(t))$ 이다.

아래의 코딩은 $g = 9.8$, $l = 7$, $\theta_0 = int$ 로 세팅하여 제작되었고,

$\theta \fallingdotseq 0$일 경우 $\sin\theta \fallingdotseq \theta$로 근사할 수 있기 때문에 선형미분방정식으로 근사하여 해석할 수 있다.

선형으로 접근하면 미분방정식은 $\ddot{\theta} + \dfrac{g}{l}\theta = 0$ 이고 이 때의 해 $\theta(t)$를 $\theta(t) = lth(t)$로 두었다.

반면 근사없이 비선형일 경우의 해를 $\theta(t) = nlth(t)$로 두고 아래와 같이 코딩하여 각기 다른 경우를 비교하여 우측 그래프로 나타내었다. 운동의 동영상은 동적변수인 int(initial angle로 표시), m(mass로 표시)에 의해 변하고 시간(time으로 표시)에 의해 진행된다.

아래의 코드는 wolfram Demonstrations Project를 참고하였다.

<코드 참고자료>

Stephen Wilkerson

"An Oscillating Pendulum"

http://demonstrations.wolfram.com/AnOscillatingPendulum/

Wolfram Demonstrations Project

Published: March 7 2011

```
Manipulate[Module[{nlsol,lsol,nlth,Nlth,lth,Lth},g=9.8;l=7;
nlsol=NDSolve[{m*l*nlth''[t]==-m*g*Sin[nlth[t]],nlth[0]==int,nlth'[0]==0},nlth,{t,0,15}]
;
lsol=DSolve[{m*l*lth''[t]==-m*g*lth[t],lth[0]==int,lth'[0]==0},lth,{t,0,15}];
Nlth[t_]:=nlth[t]/.nlsol[[1]];
Lth[t_]:=lth[t]/.lsol[[1]];
ceiling=Line[{{-6,0},{6,0}}];
line=Line[{{0,0},{l*Sin[Nlth[r]],-l*Cos[Nlth[r]]}}];
fix={Red,Disk[{0,0},0.1]};
mass={Blue,Disk[{l*Sin[Nlth[r]],-l*Cos[Nlth[r]]},0.5*m^(1/3)]};
Grid[{{Graphics[{line,fix,mass,ceiling},PlotRange->{{-7,7},{-8,1}}],Plot[{Nlth[T],Lth[T
]},{T,0,14},PlotRange->{{0,14},{-1.8,1}},PlotStyle->{Blue,Red},Epilog->{Blue,PointSiz
e[0.06],Point[{r,Nlth[r]}]},AxesLabel->{"time","angular displacement"},
Prolog->{Text["Blue: nonlinear",{6,-1.2}],Text["Red: linear",{6,-1.6}]}}]}],
{{int,Pi/4,"initial angle"},Pi/16,Pi/3,Appearance->"Labeled"},
{{m,4,"mass m"},1,10,0.01,Appearance->"Labeled"},
{{r,0,"time"},0,15,0.01,Appearance->"Labeled"}]
```

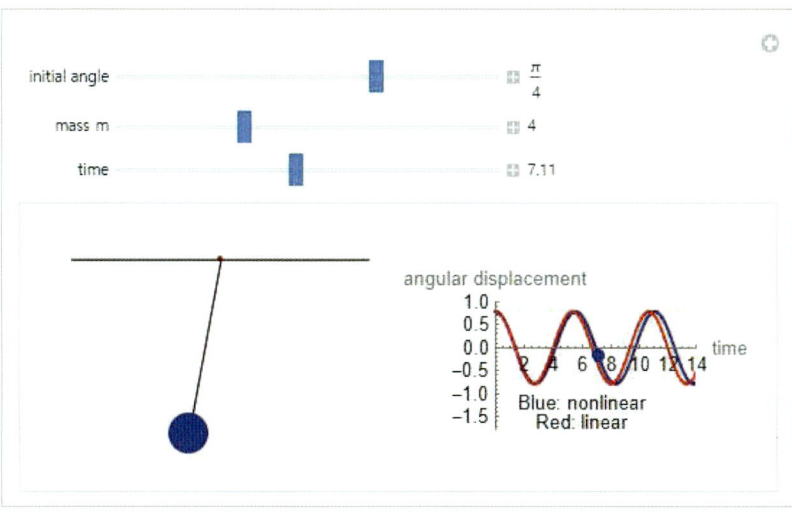

<보충설명>

위의 코드에서는 Module을 통해 지역변수를 지정하지 않아도 동일한 결과를 출력한다. 지역변수와 동적변수는 중복되지 않게 지정하여야 함에 유의하자.

다. 선형 단진자 운동의 동영상과 주기

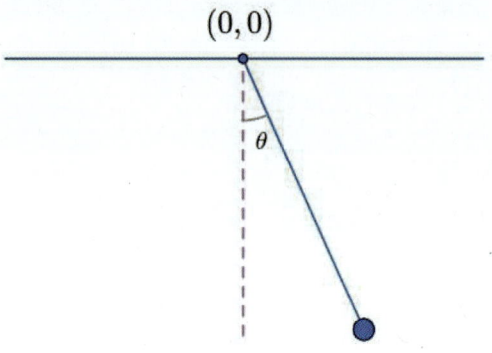

진자의 길이를 l, 진자의 질량을 m, 중력가속도를 g,

진자의 초기위치 $\theta(t=0) = -\dfrac{\pi}{6}$ 라고 하자.

운동방정식은 $ml^2\ddot{\theta} = -mgl\sin\theta$ 이므로 정리하면 $\ddot{\theta} + \dfrac{g}{l}\sin\theta = 0$ 이다.

진자의 진폭이 작다고 가정하면 $\theta \fallingdotseq 0$ 이므로

$w = \sqrt{\dfrac{g}{l}}$ 이라 정의하면 $\ddot{\theta} + w^2\theta = 0$ 이다.

미분방정식의 해는 초기위치를 고려하면

$\theta(t) = -\dfrac{\pi}{6}\cos wt$ 이고 진자의 위치를 $(x(t), y(t))$라 하면

$(x(t), y(t)) = (l\sin(-\dfrac{\pi}{6}\cos wt), -l\cos(-\dfrac{\pi}{6}\cos wt))$ 이다.

그리고 이 경우 진자의 주기 period는 $\dfrac{2\pi}{w} = 2\pi\sqrt{\dfrac{l}{g}}$ 이다.

운동의 동영상은 동적변수인 length, gravity, mass에 의해 변하고 time에 의해 진행된다.
아래의 코드는 wolfram Demonstrations Project를 참고하였다.

<코드 참고자료>

Julia Cai and Melinda Coleman

"Effect of Gravity on a Simple Pendulum"

http://demonstrations.wolfram.com/EffectOfGravityOnASimplePendulum/

Wolfram Demonstrations Project

Published: January 24 2017

```
int=-Pi/6;
angle[g_,t_,l_]:={t,-(Pi/6)*Cos[Sqrt[g/l]*t]};
positionplot[g_,t_,l_]:=ParametricPlot[angle[g,t,l],{t,0,10},PlotRange->{{0,9},{-1,1}},
AxesLabel->{"t(s)","angle"}]
pointplot[g_,t_,l_]:=Graphics[{PointSize[0.03],Point[{t,-(Pi/6)*Cos[Sqrt[g/l]*t]}]}]
period[length_,gravity_]:=2*Pi*Sqrt[length/gravity];
x[gravity_,time_,length_]:=length*Sin[-(Pi/6)*Cos[Sqrt[gravity/length]*time]];
y[gravity_,time_,length_]:=-length*Cos[-(Pi/6)*Cos[Sqrt[gravity/length]*time]];
Manipulate[string=Line[{{0,0},{x[gravity,time,length],y[gravity,time,length]}}];

textgravity=Text[Style[Row[{"gravity:",gravity,"m/",Superscript["s","2"]}]],{-0.45,0.24}];
 textperiod=Text[Style[Row[{"period:",period[length,gravity],"s"}]],{6,0.7}];
Grid[{{Show[Graphics[string],Graphics[Disk[{x[gravity,time,length],y[gravity,time,length]},mass/25]],Graphics[textgravity],Axes->None,PlotRange->{{-1.3,1.3},{-2.3,0.5}}],
Show[positionplot[gravity,t,length],pointplot[gravity,time,length],Graphics[textperiod]]}}
],
{{time,0},0,9,Appearance->"Labeled"},{{length,1.5},1,2,Appearance->"Labeled"},
{{gravity,9.8},0.4,50,Appearance->"Labeled"},{{mass,5},4,8,Appearance->"Labeled"}]
```

≫ ≫ ≫

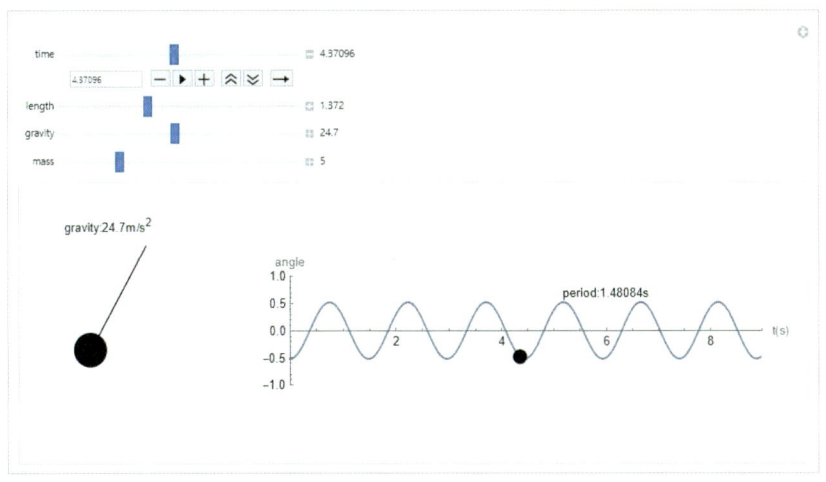

동일하게 아래와 같이 코드를 제작할 수 있다.

```
int=-Pi/6;
angle[g_,t_,l_]:={t,-(Pi/6)*Cos[Sqrt[g/l]*t]};
period[length_,gravity_]:=2*Pi*Sqrt[length/gravity];
```

x[gravity_,time_,length_]:=length*Sin[-(Pi/6)*Cos[Sqrt[gravity/length]*time]];
y[gravity_,time_,length_]:=-length*Cos[-(Pi/6)*Cos[Sqrt[gravity/length]*time]];
Manipulate[string=Line[{{0,0},{x[gravity,time,length],y[gravity,time,length]}}];
 pointplot[g_,t_,l_]:=Graphics[{PointSize[0.03],Point[{t,-(Pi/6)*Cos[Sqrt[g/l]*t]}]}];
 textperiod=Text[Style[Row[{"period:",period[length,gravity],"s"}]],{6,0.7}];

textgravity=Text[Style[Row[{"gravity:",gravity,"m/",Superscript["s","2"]}]],{-0.45,0.24}];
positionplot[g_,t_,l_]:=ParametricPlot[angle[g,t,l],{t,0,10},PlotRange->{{0,9},{-1,1}},AxesLabel->{"t(s)","angle"},Prolog->{textperiod}];Grid[{{Show[Graphics[string],Graphics[Disk[{x[gravity,time,length],y[gravity,time,length]},mass/25]],Graphics[textgravity],Axes->None,PlotRange->{{-1.3,1.3},{-2.3,0.5}}],Show[positionplot[gravity,t,length],pointplot[gravity,time,length]]}},{{time,0},0,9,Appearance->"Labeled"},{{length,1.5},1,2,Appearance->"Labeled"},
{{gravity,9.8},0.4,50,Appearance->"Labeled"},{{mass,5},4,8,Appearance->"Labeled"}]

> **<보충설명>**
>
> 위의 코드는 이전 코드와 동일한 코드이다.
>
> Show[ParametricPlot[이하], Graphics[Text[이하]]와
>
> ParametricPlot[이하, Prolog->{Text[이하]}]는 동일한 결과를 출력한다.
>
> 계산치를 그래프 등과 함께 나타낼 때는
>
> Text[Style[Row[{이하}]],{위치}] 꼴로 코드를 만들 수 있다.
>
> 아래 예시를 참고하자.
>
> pi=3.141592;
>
> Graphics[Text[Style[Row[{"pi=",pi}]],{1,1}]]
>
> ≫ ≫ ≫
>
>   pi=3.14159

4. 이중스프링 운동

가. 이중스프링 운동의 단순화 동영상

 스프링(용수철) 두 개에 직렬로 하나씩 매달려서 진동하는 물체의 운동을 생각하자. 편의상 여기서는 용수철을 실로 표현하도록 하겠다.

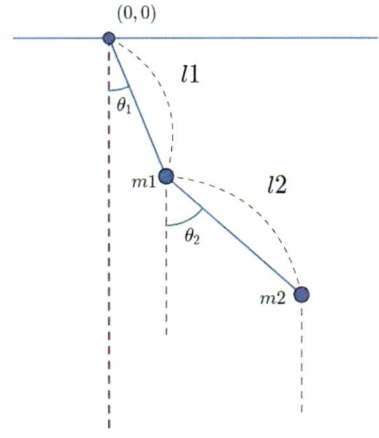

 위는 질량이 m_1, m_2 인 두 물체가 용수철 상수가 k_1, k_2 인 용수철에 매달려서 움직이고 있는 것을 표현한 것이다. 단, 여기서는 용수철을 실로 단순화시켜 나타내었다.

 질량 m_1 인 물체와 m_2 인 물체의 위치를 각각 $(x_1(t), y_1(t))$, $(x_2(t), y_2(t))$ 라 하고 각 변위를 θ_1, θ_2 라 하자. 물체의 위치는 아래와 같이 표현된다.

$$\begin{cases} x_1(t) = l1(t)\sin(\theta_1(t)) \\ y_1(t) = -l1(t)\cos(\theta_1(t)) \end{cases} \quad \text{이고} \quad \begin{cases} x_2(t) = l1(t)\sin(\theta_1(t)) + l2(t)\sin(\theta_2(t)) \\ y_2(t) = -l1(t)\cos(\theta_1(t)) - l2(t)\cos(\theta_2(t)) \end{cases}$$

 그리고 이 계의 라그랑지언 L은 $L = T - V$ 로서 아래와 같다.
(T: 운동에너지, V: 위치에너지, 용수철의 자연길이는 각각 1)

$$L = \frac{1}{2}m_1(\dot{x_1}^2 + \dot{y_1}^2) + \frac{1}{2}m_2(\dot{x_2}^2 + \dot{y_2}^2) - \frac{1}{2}k_1(1 - l1(t))^2 - \frac{1}{2}k_2(1 - l2(t))^2$$
$$+ m_1 g \, l1(t)\cos(\theta_1(t)) + m_2 g \{l1(t)\cos(\theta_1(t)) + l2(t)\cos(\theta_2(t))\}$$

 오일러-라그랑지 방정식은 아래와 같은 4개의 연립방정식이 된다.

$$\frac{\partial L}{\partial l_1} - \frac{d}{dt}\left(\frac{\partial L}{\partial \dot{l}_1}\right) = 0 \; , \; \frac{\partial L}{\partial \theta_1} - \frac{d}{dt}\left(\frac{\partial L}{\partial \dot{\theta}_1}\right) = 0$$

$$\frac{\partial L}{\partial l_2} - \frac{d}{dt}\left(\frac{\partial L}{\partial \dot{l}_2}\right) = 0 \; , \; \frac{\partial L}{\partial \theta_2} - \frac{d}{dt}\left(\frac{\partial L}{\partial \dot{\theta}_2}\right) = 0$$

아래의 코딩은 $\theta_1 = th1$, $\theta_2 = th2$ 로 두고

초기조건은 $\theta_1(t=0) = th10$, $\theta_2(t=0) = th20$, $\theta_1{'}(t=0) = \theta_2{'}(t=0) = 0$,

$l1(t=0) = L1$, $l2(t=0) = L2$, $l1{'}(t=0) = l2{'}(t=0) = 0$ 로 하여 물체의 운동 경로를 미분방정식의 수치해적 방법으로 예상하기 위해 만든 것이다.

운동의 동영상은 동적변수인 M1(m1로 표시), M2(m2로 표시), K1(spring constant1로 표시), K2(spring constant2로 표시), L1(initial spring1 length로 표시), L2(initial spring2 length로 표시), th10(initial angular displacement1로 표시), th20(initial angular displacement2로 표시), G0(gravitation으로 표시)에 의해 변하고 시간 tmax(time으로 표시)에 의해 진행된다.

그리고 동적변수인 m_1, m_2, k_1, k_2, $L1$, $L2$, $th10$, $th20$, g가 취할 수 있는 값은

$$\begin{cases} m_1, m_2 : 1, 2, 3, 4, 5 & \text{(버튼식)} \\ k_1, k_2 : 1, 2, 3 & \text{(버튼식)} \\ L_1, L_2 : 1 \sim 2, 0.2\text{간격} & \text{(슬라이더형)} \\ th10, th20 : \frac{\pi}{6} \sim \frac{\pi}{3}, \frac{\pi}{12}\text{간격} & \text{(슬라이더형)} \\ g : 0, 1, 2 & \text{(버튼식)} \end{cases}$$

그리고 과거의 궤적을 관찰할 수 있도록 얇은 선으로 표현하였다.

아래의 코드는 wolfram Demonstrations Project를 참고하였다.

<코드 참고자료>

Chihiro Ito and Reiho Sakamoto

"Double-Spring Pendulum"

http://demonstrations.wolfram.com/DoubleSpringPendulum/

Wolfram Demonstrations Project

Published: August 20 2019

```
Manipulate[Module[{x1,y1,x2,y2,l1,l2,th1,th2,t,lag,eq1,eq2,eq3,eq4,sol,r1x,r1y,r2x,r2y},
x1=l1[t]*Sin[th1[t]];
y1=-l1[t]*Cos[th1[t]];
x2=l1[t]*Sin[th1[t]]+l2[t]*Sin[th2[t]];
```

```
y2=-l1[t]*Cos[th1[t]]-l2[t]*Cos[th2[t]];
lag[m1_,m2_,g_,k1_,k2_]:=m1*(D[x1,t]^2+D[y1,t]^2)/2+m2*(D[x2,t]^2+D[y2,t]^2)/2+m
1*g*l1[t]*Cos[th1[t]]+m2*g*(l1[t]*Cos[th1[t]]+l2[t]*Cos[th2[t]])-k1/(2)*(1-l1[t])^2-k
2/(2)*(1-l2[t])^2;

eq1[m1_,m2_,g_,k1_,k2_]:=D[D[lag[m1,m2,g,k1,k2],l1'[t]],t]-D[lag[m1,m2,g,k1,k2],l1[
t]];
eq2[m1_,m2_,g_,k1_,k2_]:=D[D[lag[m1,m2,g,k1,k2],th1'[t]],t]-D[lag[m1,m2,g,k1,k2],t
h1[t]];

eq3[m1_,m2_,g_,k1_,k2_]:=D[D[lag[m1,m2,g,k1,k2],l2'[t]],t]-D[lag[m1,m2,g,k1,k2],l2[
t]];
eq4[m1_,m2_,g_,k1_,k2_]:=D[D[lag[m1,m2,g,k1,k2],th2'[t]],t]-D[lag[m1,m2,g,k1,k2],t
h2[t]];
sol=NDSolve[{eq1[M1,M2,G0,K1,K2]==0,eq2[M1,M2,G0,K1,K2]==0,eq3[M1,M2,G0,K1,K
2]==0,eq4[M1,M2,G0,K1,K2]==0,th1[0]==th10,th1'[0]==0,l1[0]==L1,l1'[0]==0,th2[0]=
=th20,th2'[0]==0,l2[0]==L2,l2'[0]==0},{th1,l1,th2,l2},{t,0,50}];
r1x[t_]:=Evaluate[l1[t]*Sin[th1[t]]/.sol[[1]]];
r1y[t_]:=Evaluate[-l1[t]*Cos[th1[t]]/.sol[[1]]];
r2x[t_]:=Evaluate[l1[t]*Sin[th1[t]]+l2[t]*Sin[th2[t]]/.sol[[1]]];
r2y[t_]:=Evaluate[-l1[t]*Cos[th1[t]]-l2[t]*Cos[th2[t]]/.sol[[1]]];
Show[ParametricPlot[{{r2x[r],r2y[r]},{r1x[r],r1y[r]}},{r,0,tmax},PlotRange->{{-6,6},{If
[G0==0,-5,-20],5}},PlotStyle->{{Thin,Blue},{Thin,Red}},Axes->True],Graphics[{Line[{
{r1x[tmax],r1y[tmax]},{r2x[tmax],r2y[tmax]}}],Line[{{0,0},{r1x[tmax],r1y[tmax]}}]}],
Graphics[{Red,Disk[{r1x[tmax],r1y[tmax]},0.5*Sqrt[M1/2]]}],Graphics[{Blue,Disk[{r2x
[tmax],r2y[tmax]},0.5*Sqrt[M2/2]]}]],
{{tmax,0.1,"time"},0.1,50,0.001,AnimationRate->2,Appearance->"Labeled"},
{{M1,1,"m1"},{1,2,3,4,5}},{{M2,1,"m2"},{1,2,3,4,5}},
{{K1,1,"spring1 constant"},{1,2,3}},
{{K2,1,"spring2 constant"},{1,2,3}},
{{L1,1,"initial spring1 length"},1,2,0.2,Appearance->"Labeled"},
{{L2,1,"initial spring2 length"},1,2,0.2,Appearance->"Labeled"},
{{th10,Pi/6,"initial angular displacement1"},Pi/6,Pi/3,Pi/12,Appearance->"Labeled"},
{{th20,Pi/6,"initial angular displacement2"},Pi/6,Pi/3,Pi/12,Appearance->"Labeled"},
{{G0,1,"gravitation"},{0,1,2}}]
```

≫ ≫ ≫

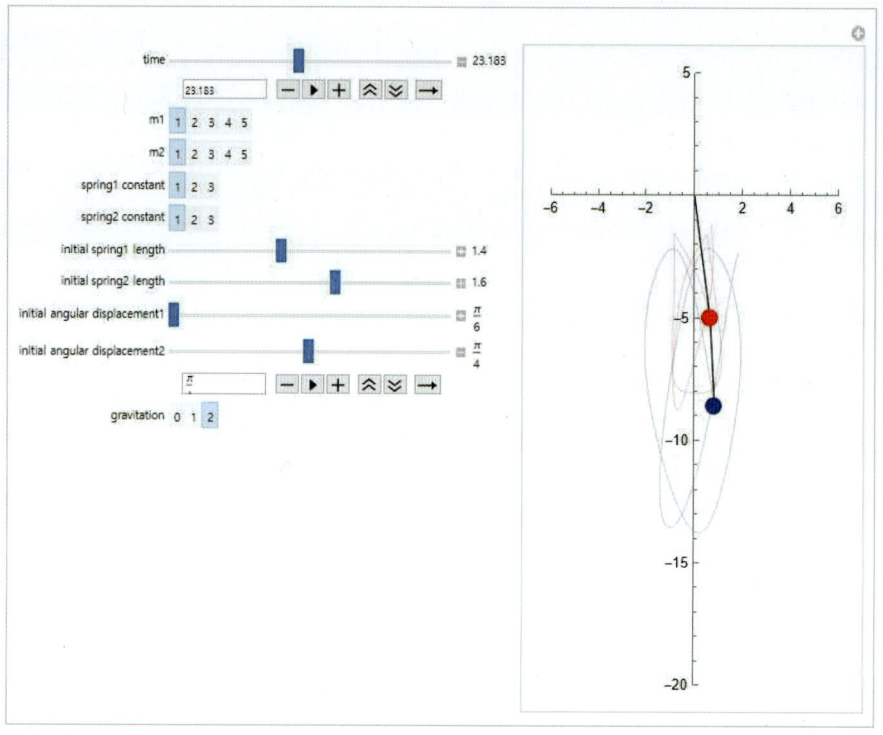

> **<보충설명>**
>
> 라그랑지언의 식에서 운동에너지와 탄성에너지의 계수인 0.5 는 1/2을 입력하는 것이 식을 읽어낼 때 더 안정적이다. tmax가 동적변수로서 증분은 0.001 이지만 애니메이션 진행시는 0부터 50까지를 움직이므로 tmax의 진행 속도를 느리게 하기 위해서는 AnimationRate->2를 추가하는 것이 좋다. 그리고 자취를 얇게 나타내기 위해 PlotStyle->{{Thin,Blue},{Thin,Red}}으로 지정하는 게 좋다. 위에서 x1,y1,x2,y2 등 지역변수를 지정하지 않아도 동일한 결과를 얻긴 하지만 동영상을 실행할 때 버퍼링이 발생하므로 지역변수를 지정하는 게 더 안정적이다. 지역변수와 동적변수는 중복되지 않게 지정함에 유의하자.

나. 스프링에 내재된 수학과 코딩

앞에서는 스프링을 실로 표현하여 코딩하였지만, 현실감을 주기 위해서는 스프링을 구현하는 것 또한 필요하다. 아래의 코딩은 스프링을 표현한 것인데 스프링에 대한 코딩에는 상당한 수학적 지식이 함유되어 있다. 스프링 코딩에 대한 설명을 먼저 살펴보고 이중 스프링 문제에 대해 코딩해보자. 아래에서는 스프링을 코딩한 각각의 과정을 분해하여 설명하였다.

(1) 점의 색깔과 크기 및 선분의 색깔과 두께

두 점 $(0,0), (1,0)$을 잇는 선분을 그리고자 한다. 두 점의 크기와 색상 및 선분의 색상과 두께까지 그 수치를 부여할 수 있다.

```
a={0,0} ;
b={1,0};
Graphics[{{Red,PointSize[0.1],Point[a]},
{Blue,PointSize[0.1],Point[b]},
  {Green,Thickness[0.02],Line[{a,b}]}}]
```

≫≫≫

> <보충설명>
>
> 점은 크기를 PointSize함수로 조정하며, 선분의 두께는 Thickness함수로 조정한다.
> 그리고 위에서는 Graphics[{점,점,선}]으로 코딩이 되어 있는데, 이 경우는 순서를 변경하여 Graphics [{선,점,점}]으로 코딩하는 것이 더 보기에 좋다.

(2) 간단한 스프링의 코딩

모듈을 통해 두 점의 위치를 설정하여 두 점을 잇는 스프링을 생성하는 spring 함수를 제작하였다. 아래의 코드는 다한테크 황지원 부장에게 문의하여 답변받은 것을 참고한 것이다.

```
spring[a_,b_]:=Module[{perp,pitch,width,aaa,bbb},
perp=Normalize[{(b-a)[[2]],(a-b)[[1]]}];
  pitch=(b-a)/7;
  width=1/(5+Norm[b-a]);
  aaa=Table[a+n*pitch+width*perp (-1)^n,{n,1,6}];
  bbb=Prepend[aaa,a];
  Line[Append[bbb,b]]]
a={0,0} ;
b={1,0};
Graphics[{{Thickness[0.01],spring[a,b]},
{Red,PointSize[0.1],Point[a]},
{Blue,PointSize[0.1],Point[b]}
  }]
```

≫≫≫

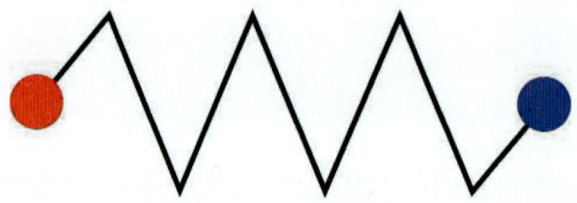

> **<보충설명>**
>
> n을 1에서 6까지 변하므로 pitch의 정의에서 분모를 6+1(=7)로 두는 것이 자연스럽다. n이 1부터 6까지 변하므로 양쪽 두 점을 제외한 꼭지점은 6개가 된다. aaa는 6개의 점으로 이뤄진 테이블이며, bbb는 테이블 aaa바로 앞에 a를 첨가한 7개 원소로 이뤄진 점의 테이블이다. 일곱 점의 테이블 bbb 바로 뒤에 원소 b를 추가하여 붙인 것이 Append[bbb,b]인 원소 8개짜리 점의 테이블이다.
>
> Prepend[a,b]는 리스트 a앞에 b를 추가하는 함수이고, Append[a,b]는 리스트 a뒤에 b를 추가하는 함수이다.

(3) 스프링의 코딩에 대한 수학적 분석

스프링의 코딩에도 벡터의 정규화, 수직인 벡터 등의 수학적 지식이 함유되어 있다. 아래의 코딩과 설명을 자세히 읽어보자.

```
spring[a_,b_]:=Module[{perp,pitch,width,aaa,bbb},perp=Normalize[{(b-a)[[2]],(a-b)[[1]]}];
  pitch=(b-a)/3;
  width=1/(3+Norm[b-a]);
  aaa=Table[a+n*pitch+width*perp (-1)^n,{n,1,2}];
  bbb=Prepend[aaa,a];
  Line[Append[bbb,b]]]
a={0,0};
b={1,0};
Graphics[spring[a,b],Axes->True,PlotRange->{{-0.1,1.1},{-0.3,0.3}}]
```

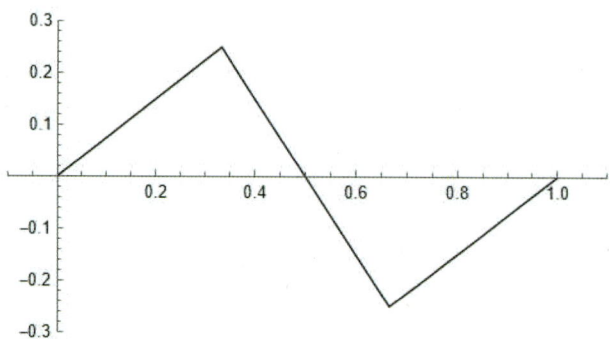

perp, pitch, width 등에 대해 수학적으로 그 의미를 분석하겠다.

perp=Normalize[{(b-a)[[2]],(a-b)[[1]]}]

≫≫≫

  {0,-1}

<보충설명>

perp는 벡터 $\vec{b}-\vec{a}$에 수직인 벡터를 normalized 시킨 벡터를 의미한다. $\vec{v}=(p,q)$ 일 때 (mathematica에서는 v={p,q} 로 표시),

Normalize[v]를 입력하면 { $\dfrac{p}{\sqrt{p^2+q^2}}$, $\dfrac{q}{\sqrt{p^2+q^2}}$ } 를 출력한다. 그리고 v[[1]]=p, v[[2]]=q를 의미한다.

pitch=(b-a)/3

≫≫≫

  {1/3,0}

<보충설명>

pitch는 벡터 $\vec{b}-\vec{a}$를 n등분한 벡터이며(pitch = $\dfrac{\vec{b}-\vec{a}}{n}$), 한 꼭짓점과 다음 꼭짓점 간 벡터 방향으로의 길이벡터를 의미한다. n등분시 꼭짓점은 양 끝점을 제외하고 $n-1$개 이다.

width=1/(3+Norm[b-a])

≫≫≫

  1/4

<보충설명>

width는 스프링 양 끝을 잇는 직선과 꼭짓점 간 수직거리를 의미한다.

aaa=Table[a+k*pitch+width*perp (-1)^k,{k,1,2}]

≫≫≫

  {{1/3,1/4},{2/3,-(1/4)}}

> **<보충설명>**
> 위에서 k는 1부터 $n-1$까지 변하며 예시코드에서는 $n=3$ 으로 고정 하였기에 k는 1에서 2까지 변하게 된다.

bbb=Prepend[aaa,a]

  {{0,0},{1/3,1/4},{2/3,-(1/4)}}

Line[Append[bbb,b]]

≫≫≫

Line[{{0,0},{1/3,1/4},{2/3,-(1/4)},{1,0}}]

> **<보충설명>**
> 점 리스트 {a,aaa,b}를 선분으로 잇는 함수를 의미한다.
> Prepend[a,b]는 리스트 a앞에 b를 추가하는 함수이고, Append[a,b]는 리스트 a뒤에 b를 추가하는 함수 이다

(4) 축약 표현을 사용한 스프링 코딩

함수와 변수의 축약 표현을 사용하면 코드가 한결 간단해진다.

```
spring[a_,b_]:=Module[{perp,pitch,width},perp=Normalize[{(b-a)[[2]],(a-b)[[1]]}];
   pitch=(b-a)/3;
   width=1/(10+Norm[b-a]);
   Line[Append[#,b]&@Prepend[#,a]&@Table[a+n*pitch+width*perp(-1)^n,{n,1,2}]]];
a={0,0};
b={1,0};
Graphics[spring[a,b]]
```

> **<보충설명>**
> 위의 코드는 Table 앞에 a를 추가한 후, {a,Table} 뒤에 b를 추가한 {a, Table, b}를 다각선으로 연결하여 출력하는 코드이다.

다. 이중스프링 운동의 동영상

스프링까지 모두 코딩하여 이중스프링 운동을 시연하였다.

아래의 코드는 wolfram Demonstrations Project를 참고하였다.

<코드 참고자료>

Chihiro Ito and Reiho Sakamoto

"Double-Spring Pendulum"

http://demonstrations.wolfram.com/DoubleSpringPendulum/

Wolfram Demonstrations Project

Published: August 20 2019

코드는 아래와 같다.

```
Manipulate[Module[{x1,y1,x2,y2,l1,l2,th1,th2,t,lag,eq1,eq2,eq3,eq4,sol,r1x,r1y,r2x,r2y,r1,r2,spring},
x1=l1[t]*Sin[th1[t]];
y1=-l1[t]*Cos[th1[t]];
x2=l1[t]*Sin[th1[t]]+l2[t]*Sin[th2[t]];
y2=-l1[t]*Cos[th1[t]]-l2[t]*Cos[th2[t]];
lag[m1_,m2_,g_,k1_,k2_]:=m1*(D[x1,t]^2+D[y1,t]^2)/2+m2*(D[x2,t]^2+D[y2,t]^2)/2+m1*g*l1[t]*Cos[th1[t]]+m2*g*(l1[t]*Cos[th1[t]]+l2[t]*Cos[th2[t]])-k1/(2)*(1-l1[t])^2-k2/(2)*(1-l2[t])^2;

eq1[m1_,m2_,g_,k1_,k2_]:=D[D[lag[m1,m2,g,k1,k2],l1'[t]],t]-D[lag[m1,m2,g,k1,k2],l1[t]];
eq2[m1_,m2_,g_,k1_,k2_]:=D[D[lag[m1,m2,g,k1,k2],th1'[t]],t]-D[lag[m1,m2,g,k1,k2],th1[t]];

eq3[m1_,m2_,g_,k1_,k2_]:=D[D[lag[m1,m2,g,k1,k2],l2'[t]],t]-D[lag[m1,m2,g,k1,k2],l2[t]];
eq4[m1_,m2_,g_,k1_,k2_]:=D[D[lag[m1,m2,g,k1,k2],th2'[t]],t]-D[lag[m1,m2,g,k1,k2],th2[t]];
```

```
sol=NDSolve[{eq1[M1,M2,G0,K1,K2]==0,eq2[M1,M2,G0,K1,K2]==0,eq3[M1,M2,G0,K1,K
2]==0,eq4[M1,M2,G0,K1,K2]==0,th1[0]==th10,th1'[0]==0,l1[0]==L1,l1'[0]==0,th2[0]=
=th20,th2'[0]==0,l2[0]==L2,l2'[0]==0},{th1,l1,th2,l2},{t,0,50}];
   r1x[t_]:=Evaluate[l1[t]*Sin[th1[t]]/.sol[[1]]];
   r1y[t_]:=Evaluate[-l1[t]*Cos[th1[t]]/.sol[[1]]];
   r2x[t_]:=Evaluate[l1[t]*Sin[th1[t]]+l2[t]*Sin[th2[t]]/.sol[[1]]];
r2y[t_]:=Evaluate[-l1[t]*Cos[th1[t]]-l2[t]*Cos[th2[t]]/.sol[[1]]];
r1[t_]:={r1x[t],r1y[t]};
r2[t_]:={r2x[t],r2y[t]};
spring[a_,b_]:=Module[{perp,pitch,width,aaa,bbb},
perp=Normalize[{(b-a)[[2]],(a-b)[[1]]}];
    pitch=(b-a)/11;
    width=1/(3+Norm[b-a]);
    aaa=Table[a+n*pitch+width*perp (-1)^n,{n,1,10}];
    bbb=Prepend[aaa,a];
    Line[Append[bbb,b]]];
Show[ParametricPlot[{{r2x[r],r2y[r]},{r1x[r],r1y[r]}},{r,0,tmax},PlotRange->{{-6,6},{If
[G0==0,-5,-20],5}},PlotStyle->{{Thin,Blue},{Thin,Red}},Axes->True],
Graphics[{Thickness[0.003],spring[{0,0},r1[tmax]],spring[r1[tmax],r2[tmax]]}],
Graphics[{Red,Disk[{r1x[tmax],r1y[tmax]},0.5*Sqrt[M1/2]]}],Graphics[{Blue,Disk[{r2x
[ t m a x ] , r 2 y [ t m a x ] } , 0 . 5 * S q r t [ M 2 / 2 ] ] } ]
]],{{tmax,0.1,"time"},0.1,40,0.001,AnimationRate->2,Appearance->"Labeled"},
{{M1,1,"m1"},{1,2,3,4,5}},{{M2,1,"m2"},{1,2,3,4,5}},
{{K1,1,"spring1 constant"},{1,2,3}},
{{K2,1,"spring2 constant"},{1,2,3}},
{{L1,1,"initial spring1 length"},1,2,0.2,Appearance->"Labeled"},
{{L2,1,"initial spring2 length"},1,2,0.2,Appearance->"Labeled"},
{{th10,Pi/6,"initial angular displacement1"},Pi/6,Pi/3,Pi/12,Appearance->"Labeled"},
{{th20,Pi/6,"initial angular displacement2"},Pi/6,Pi/3,Pi/12,Appearance->"Labeled"},
{{G0,1,"gravitation"},{0,1,2}}]
```

≫≫≫

매스매티카로 다양한 프로그램 만들기

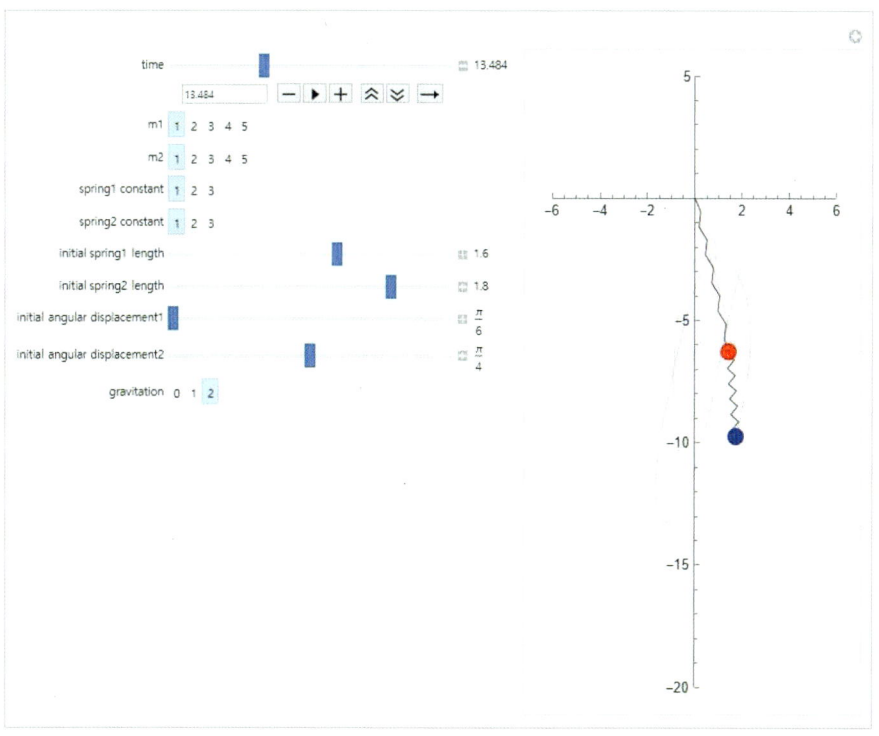

<보충설명>

Show 이하 Red Disk, Blue Disk 보다 spring 이 먼저 입력되어야 스프링의 모양이 구 바깥으로 튀어나와 보이지 않는다. 스프링 Graphics[spring[a,b]]을 얇게 나타내기 위해서 Graphics[{Thickness[0.003],spring[a,b]}]와 같이 두께를 조정할 수 있다.

5. 페르마점의 역학실험

가. 페르마점 구하기

세 내각이 모두 120°보다 작은 삼각형 ABC을 생각하자.

이러한 삼각형의 내부의 한 점 P에서 $\overline{PA}+\overline{PB}+\overline{PC}$의 값이 최소가 되는 점 P를 삼각형 ABC의 페르마점 F이라고 한다.

삼각형 ABC의 한 내각이 120° 이상일 경우 최대각을 갖는 꼭짓점이 그 삼각형의 페르마점이 됨이 알려져 있다. 여기서는 세 내각이 모두 120°보다 작은 삼각형 ABC에 대하여 페르마점 F를 작도하는 방법을 간단히 제시하기만 하겠다.

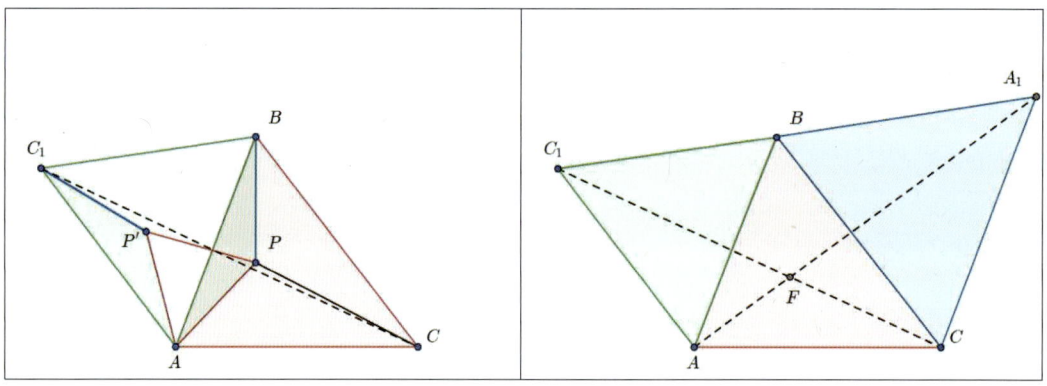

삼각형 내부의 점 P를 점 A에 대해 반시계 방향으로 60° 회전한 점을 P'이라 하자. 그러면 삼각형 APB와 삼각형 $AP'C_1$은 서로 합동이다.

따라서 $\overline{PA}+\overline{PB}+\overline{PC} = \overline{C_1P'}+\overline{P'P}+\overline{PC} \leq \overline{C_1C}$ 이다. 따라서 페르마점 F는 $\overline{C_1C}$ 위에 있다. 여기서 삼각형 ABC_1이 정삼각형임에 주목하자.

마찬가지 방법으로 삼각형 BCA_1이 정삼각형이 되도록 작도할 수 있다. 페르마점 F는 $\overline{A_1A}$ 위에 있으므로 페르마점 F는 $\overline{C_1C}$와 $\overline{A_1A}$의 교점이다.

아래 코드는 두 점 $A(0,0)$, $B(1,0)$가 고정되어 있을 때, 점 P의 좌표에 따라 삼각형 ABP의 페르마점을 출력하고 있다.

```
 F[Px_,Py_]:=Module[{B1,eq1,eq2,S,Ft,Pt},
A={0,0};
B={1,0};P={Px,Py};P1={0.5,-Sqrt[3]/2};
B1=RotationTransform[Pi/3,{0,0}][{Px,Py}];
```

```
eq1=(y-B[[2]])*(B1[[1]]-B[[1]])==(B1[[2]]-B[[2]])*(x-B[[1]]);
eq2=(y-P[[2]])*(P1[[1]]-P[[1]])==(P1[[2]]-P[[2]])*(x-P[[1]]);
  S=Solve[{eq1,eq2},{x,y}];
  Fx=S[[1,1,2]];
  Fy=S[[1,2,2]];
  Fp={Fx,Fy};
  Ag=Disk[A,0.01];
  Bg=Disk[B,0.01];
  Pg=Disk[P,0.01];
  Fg={Red,Disk[Fp,0.01]};
  Ft=Text[Style[Row[{"F(",Fx,", ",Fy,")"}]],
{Fx+0.1,Fy+0.1}];
  At=Text[Style[Row[{"A(0,0)"}]],{-0.1,-0.1}];
  Bt=Text[Style[Row[{"B(1,0)"}]],{1.1,0.1}];
  Pt=Text[Style[Row[{"P(",Px,", ",Py,")"}]],
{Px+0.1,Py+0.1}];
Show[Graphics[{Line[{A,B,P,A}],Ag,Bg,Pg,Fg,At,Bt,Pt,Ft}],
Axes->True]]
F[0.5,Sqrt[3]/2]
```

≫ ≫ ≫

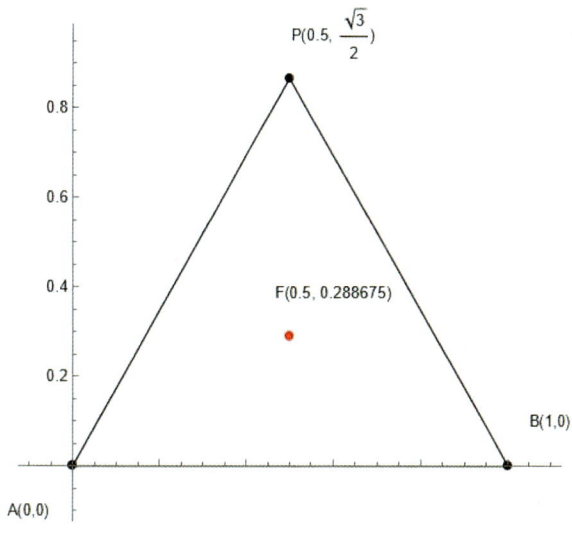

<보충설명>

RotationTransform[t, A][B] 은 점 A를 중심으로 점 B 를 각 $t(rad)$만큼 반시계 방향으로 회전한 점을 의미한다.

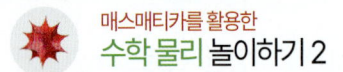

나. 페르마점의 역학실험 동영상

아래 그림에서 테이블 위의 A, B, C 지점에 도르래가 있고 테이블 위의 한 점 P 에서 세 지점 A, B, C 로 길이가 l인 세 가닥의 실이 연결되어 있다. 세 지점 A, B, C 에서 질량이 동일한 추가 각각 아래로 매달려 있다. 각각의 추에서 바닥까지의 거리를 h_a, h_b, h_c 라 하고 테이블이 바닥에서 높이 H 인 곳에 있다고 하자.

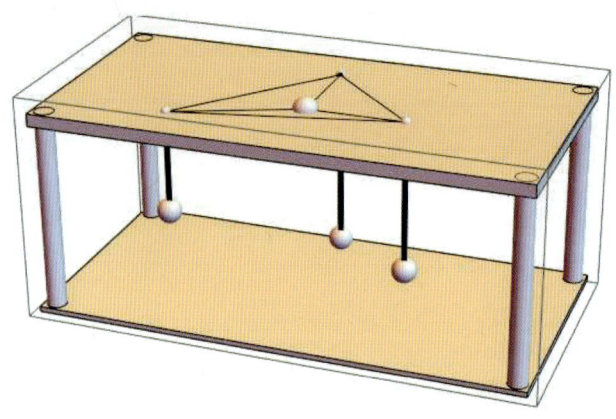

테이블 위의 한 점 P 의 물리-수학적 의미는 윤경원(2013)(페르마점을 활용한 수학-과학 통합 수업에서 학생들의 수학적 사고)을 참고하였다.

세 추의 질량이 m으로 동일하고, 중력가속도를 g라 하면 세 추로 이뤄진 계의 위치에너지 U 는 아래와 같이 표현된다.

$$U = mgh_a + mgh_b + mgh_c = mg(h_a + h_b + h_c)$$

그리고 $l = (H - h_a) + \overline{AP} = (H - h_b) + \overline{BP} = (H - h_c) + \overline{CP}$ 이므로

$$\begin{cases} h_a = \overline{AP} + H - l \\ h_b = \overline{BP} + H - l \\ h_c = \overline{CP} + H - l \end{cases}$$

이 결과를 U에 대입하면 $U = mg(\overline{AP} + \overline{BP} + \overline{CP} + 3H - 3l)$이다.

위치에너지 U가 최소가 될 때 가장 계는 안정적이므로 점 P는 페르마점 F가 되는 곳으로 이동할 것이라고 예측할 수 있다.

위 실험은 실제로는 3차원 공간에서 수행할 수 있지만 위 상황을 시간에 따른 점 P의 운동으로 나타내는 것은 2차원 평면상에 투영해서 나타낼 수도 있다. 편의상 2차원 평면에서 실험 결과를 관찰할 수 있게 코딩을 하였다.

삼각형 ABP의 세 점을 $A(0,0)$, $B(4,0)$, $P(px=2, py=4)$라고 할 때,

주어진 삼각형ABP의 페르마 점F을 빨간색으로 표시하고 삼각형ABP 각 꼭짓점에 질량이 1인 추를 각각 매달고 삼각형ABP 내부의 한 점 $X(x_0, y_0)$으로 각각의 추를 연결한 후 초기속도 0으로 운동을 시작한 점X의 이후 운동방정식은 라그랑지언 방법을 이용하면 다음과 같다.

점X의 시간t에 따른 좌표를 $(X(t), Y(t))$라고 하자.

$$\begin{cases} \overline{AX} = la = \sqrt{X(t)^2 + Y(t)^2} \\ \overline{BX} = lb = \sqrt{(X(t)-4)^2 + Y(t)^2} \\ \overline{PX} = lp = \sqrt{(X(t)-2)^2 + (Y(t)-4)^2} \end{cases}$$

이고 계의 라그랑지언L은

$$L = \frac{1}{2}\left(\dot{la}^2 + \dot{lb}^2 + \dot{lp}^2\right) - g(la + lb + lp) \text{ 이고,}$$

계의 운동을 설명하는 오일러-라그랑지언 방정식은

$$\frac{d}{dt}\left(\frac{\partial L}{\partial \dot{X}(t)}\right) - \frac{\partial L}{\partial X(t)} = 0, \frac{d}{dt}\left(\frac{\partial L}{\partial \dot{Y}(t)}\right) - \frac{\partial L}{\partial Y(t)} = 0 \text{ 과 같다.}$$

위의 운동방정식의 결과를 동영상으로 시연하기 위해 코딩을 아래와 같이 할 수 있다.

운동의 동영상은 동적변수 x0(initial x of X로 표시), y0(initial y of X로 표시)에 의해 변하고 r(time으로 표시)에 의해 진행된다.

```
F[Px_,Py_]:=Module[{B1,eq1,eq2,S,Ft,Pt},A={0,0};
 B={4,0};P={Px,Py};P1={2,-2*Sqrt[3]};
 B1=RotationTransform[Pi/3,{0,0}][{Px,Py}];
 eq1=(y-B[[2]])*(B1[[1]]-B[[1]])==
(B1[[2]]-B[[2]])*(x-B[[1]]);
eq2=(y-P[[2]])*(P1[[1]]-P[[1]])==
(P1[[2]]-P[[2]])*(x-P[[1]]);
  S=Solve[{eq1,eq2},{x,y}];
  Fx=S[[1,1,2]];
  Fy=S[[1,2,2]];
  Fp={Fx,Fy};
  Ag=Disk[A,0.01];
  Bg=Disk[B,0.01];
  Pg=Disk[P,0.01];
  Fg={Red,Disk[Fp,0.08]};
  Ft=Text[Style[Row[{"F(",N[Fx],", ",N[Fy],")"}]],
{Fx+0.1,Fy+0.1}];
  At=Text[Style[Row[{"A(0,0)"}]],{-0.1,-0.1}];
```

```
  Bt=Text[Style[Row[{"B(4,0)"}]],{4.1,0.1}];
  Pt=Text[Style[Row[{"P(",Px,", ",Py,")"}]],
{Px+0.1,Py+0.1}];
  Show[Graphics[{Line[{A,B,P,A}],Ag,Bg,Pg,Fg,At,Bt,Pt,Ft}],
Axes->True]]
Manipulate[Module[{X,Y,t,lp,la,lb,X1,Y1},g=10;
  lp=Sqrt[(X[t]-2)^2+(Y[t]-4)^2];
  la=Sqrt[X[t]^2+Y[t]^2];
  lb=Sqrt[(X[t]-4)^2+Y[t]^2];
  Lag:=(D[la,t]^2+D[lb,t]^2+D[lp,t]^2)/2-g*(la+lb+lp);
  eqx=D[Lag,X[t]]-D[D[Lag,X'[t]],t];
  eqy=D[Lag,Y[t]]-D[D[Lag,Y'[t]],t];

sol=NDSolve[{eqx==0,eqy==0,X[0]==x0,Y[0]==y0,X'[0]==0,Y'[0]==0},{X,Y},{t,0,100}];
  X1[t_]:=Evaluate[X[t]/.sol[[1]]];
  Y1[t_]:=Evaluate[Y[t]/.sol[[1]]];
Show[F[2,4],Graphics[Disk[{X1[r],Y1[r]},0.05]],
PlotRange->{{-1.5,6},{-1,5}}]],
{{r,0.1,"time"},0.1,80,0.001,AnimationRate->1,Appearance->"Labeled"},
{{x0,2,"initial x of X"},1,2,0.1,Appearance->"Labeled"},
{{y0,0.6,"initial y of X"},0.6,2,0.1,Appearance->"Labeled"}]
```

≫≫≫

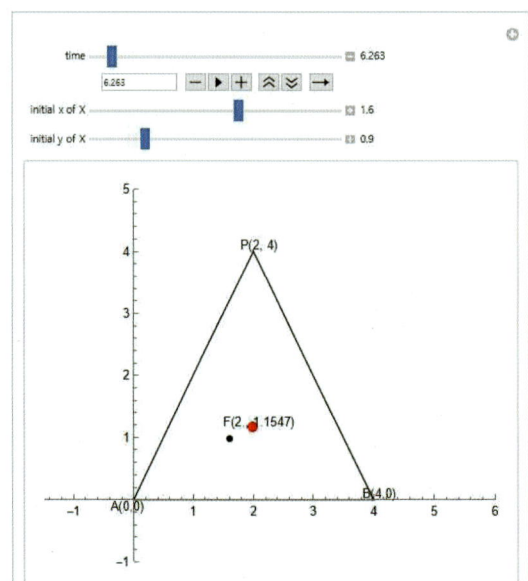

<보충설명>

x0의 값을 1에서 2까지로 설정한 이유는 x0가 2미만에서 시작하여 2초과까지 수치를 순차적으로 변형시킬 경우 라그랑지언 방정식 계산시의 오류가 발생할 수 있으므로 이를 피하기 위한 것이다.

실제로 실험을 설계하여 역학 실험을 하면 페르마점에서 점 P는 정지하게 된다. 운동 과정에서 발생하는 마찰열로 인하여 에너지 손실이 생겨서 페르마점 근방에서 무한히 진동하지 못하고 진동하는 진폭을 줄이면서 페르마점으로 수렴하게 되는 것이다.

실제로 x0를 2, y0를 구간 $(0, 4)$에 속하는 수 로 정하는 경우를 분석해보자.

이 때 점 X는 $x = 2$를 벗어나지 않는다. 여기서 $l_a = l_b = \sqrt{4+y^2}$, $l_p = 4-y$ 이므로 라그랑지언 $lag = \frac{1}{2}\left(\frac{2y^2}{4+y^2}y'^2 + y'^2\right) - g\left(2\sqrt{4+y^2} + 4 - y\right)$가 된다. 그리고 이것에 라그랑지언 방정식을 적용하여 코딩을 하면 결과는 예상대로 진동하게 된다 (단, 여기서 중력가속도 $g = 10$ 으로 잡을 수 있다).

```
A=(1/2)*(((y'[t]^2)*(2*y[t]^2)/(4+y[t]^2))+y'[t]^2)-10*(2*Sqrt[4+y[t]^2]+4-y[t]);
B=D[A,y[t]]-D[D[A,y'[t]],t];
S=NDSolve[{B==0,y[0]==1,y'[0]==0},{y},{t,0,40}];
Y[t_]:=y[t]/.S[[1]]
Plot[{Y[t]},{t,0,35},PlotRange->{{-1,40},{0.7,1.6}},AxesLabel->{"t","y[t]"}]
```

≫≫≫

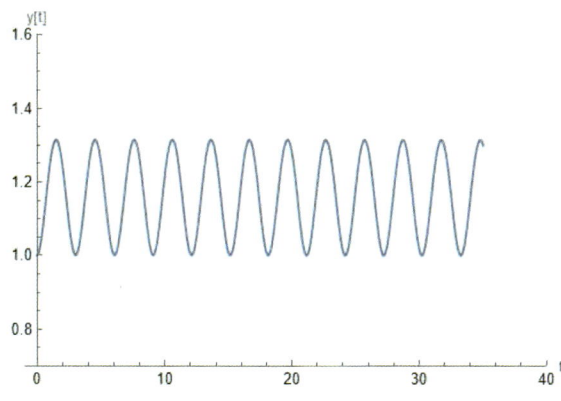

그리고 점 X의 y좌표값에 따른 계의 퍼텐셜을 그래프로 나타내면 아래와 같다.

```
Plot[{10(2*Sqrt[4+y^2]+4-y)==0},{y,0,4},
```

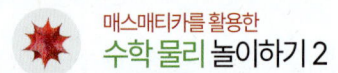

```
AxesLabel->{"y","Potential"}]
```
≫≫≫

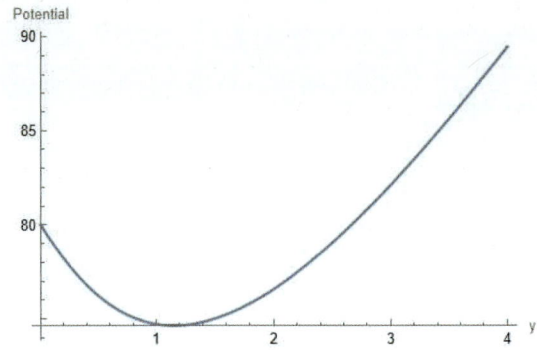

그리고 계의 퍼텐셜이 극솟값을 가지는 점 X의 y좌표를 구하면 아래와 같다.

```
N[Solve[D[10*(2*Sqrt[4+y^2]+4-y),y]==0,y]]
```
≫≫≫

{{y->1.1547}}

<보충설명>

퍼텐셜이 극소가 되는 부분은 y=1.1547 로서 페르마점의 y좌표와 일치한다.

계의 퍼텐셜이 극솟값을 가지는 y값을 a로 두고 계의 퍼텐셜을 $y=a$에 대해 멱급수로 전개할 수 있고 그 결과로부터 계가 페르마점 근처에서 미세한 움직임으로 시작할 때 단진동을 하게 되며 그 단진동의 주기(혹은 각진동수)를 구할 수 있다. 이제 위에서 구한 1.1547값을 f라고 하자. 페르마점 근처에서 세로방향으로 미세하게 움직임을 시작한다면 점 X는 페르마점 근방에서 미세하게 진동하므로 $y ≒ f = 1.1547$ 이다.

계의 운동에너지 T는 $T = \dfrac{1}{2}\left(\dfrac{2y^2}{4+y^2}y'^2 + y'^2\right) ≒ \dfrac{1}{2}\left(\dfrac{2f^2}{4+f^2}+1\right)y'^2$ 이다. 그리고 위치에너지 V는 $V = 10\left(2\sqrt{4+y^2}+4-y\right)$ 이다. 위치에너지 V를 페르마점 근방에서 멱급수 전개하면 결과는 아래와 같다.

```
a=N[Solve[D[2*Sqrt[4+y^2]+4-y,y]==0,y]];
Series[10*(2*Sqrt[4+y^2]+4-y),{y,a[[1,1,2]],10}]
```
≫≫≫

74.641 - 2.22045×10⁻¹⁵ (y - 1.1547) + 3.2476 (y - 1.1547)² - 0.703125 (y - 1.1547)³ - 0.0380578 (y - 1.1547)⁴ + 0.0411987 (y - 1.1547)⁵ - 0.0169476 (y - 1.1547)⁶ - 0.00135183 (y - 1.1547)⁷ - 0.00151044 (y - 1.1547)⁸ - 0.000714012 (y - 1.1547)⁹ - 0.0000645547 (y - 1.1547)¹⁰ + O[y - 1.1547]¹¹

단진동하는 계의 운동에너지 T와 위치에너지 V가 각각 $T = \frac{1}{2}m\dot{y}^2$, $V = \frac{1}{2}ky^2$ 일 때, 질량 m, 상수 k, 계의 각진동수 w는 $w = \sqrt{\frac{k}{m}}$ 의 관계식을 만족한다. 따라서 이 경우도 동일한 방법을 적용하면 $m = \frac{2f^2}{4+f^2} + 1$, $k = 2 \times 3.2476$ 이고, 여기서 계가 단진동하는 각진동수 w를 구할 수 있다.

> <보충설명>
>
> 페르마점을 중심으로 하여 멱급수로 전개한 결과를 살펴보면 실제로 상수항과 이차항만이 아닌 항들도 있다. 하지만 나머지 항들의 퍼텐셜에서 차지하는 비중이 상대적으로 적기 때문에 무시할 수 있다. 그리고 위에서 설명한 단진동의 분석은 평형점인 (2 , 1.1547)에서 세로방향으로 미소한 섭동을 주었을 때만 성립한다는 것에 유의해야 한다. 그리고 위의 코드에서 a[[1,1,2]]는 f를 의미한다.

실험에 대한 소개화면 3D 그림에 대한 코딩은 다소 주제를 벗어나지만 아래와 같이 간단하게 코딩하여 그래픽을 표현할 수 있다.

```
table=Cuboid[{10,0,-0.5},{0,20,0}];
floor=Cuboid[{0,0,-8},{10,20,-8.2}];
lp1={9.5,0.5,0};
lp2={0.5,0.5,0};
lp3={9.5,19.5,0};
lp4={0.5,19.5,0};
leg1=Cylinder[{lp1,lp1-{0,0,8}},0.4];
leg2=Cylinder[{lp2,lp2-{0,0,8}},0.4];
leg3=Cylinder[{lp3,lp3-{0,0,8}},0.4];
leg4=Cylinder[{lp4,lp4-{0,0,8}},0.4];
ppA={2,10,0};
ppB={8,5,0}; ppC={6,14,0};
pA=Sphere[ppA,0.2];
pB=Sphere[ppB,0.2]; pC=Sphere[ppC,0.2];
triangle=Line[{ppA,ppB,ppC,ppA}];
massA=Sphere[ppA-{0,0,7},0.5];
massB=Sphere[ppB-{0,0,4},0.5];
massC=Sphere[ppC-{0,0,6},0.5];
```

```
lineA={Thickness[0.01],Line[{ppA,ppA-{0,0,7}}]};
lineB={Thickness[0.01],Line[{ppB,ppB-{0,0,4}}]};
lineC={Thickness[0.01],Line[{ppC,ppC-{0,0,6}}]};
pP=Sphere[{6,10,0},0.5];
lineAP=Line[{ppA,{6,10,0}}];  lineBP=Line[{ppB,{6,10,0}}];
lineCP=Line[{ppC,{6,10,0}}];
Graphics3D[{table,floor,leg1,leg2,leg3,leg4,pA,pB,pC,massA,massB,massC,lineA,lineB,lineC,pP,lineAP,lineBP,lineCP,triangle}]
```

6. 양끝이 고정된 파동의 방정식과 동영상

파동함수 $v(x,t)$는 위치 x 와 시간 t 에 대해
아래의 방정식을 만족한다고 하자.

$$\begin{cases} v_{xx} = v_{tt} \\ v(x,0) = 0 \\ v_t(x,0) = \sin(x) \\ v(0,t) = v(\pi,t) = 0 \end{cases}$$

(파동이 만족하는 편미분방정식)
(초기상태의 파동의 위상이 0을 의미)
(초기상태의 파동의 속도를 설명)
(양끝이 고정된 공간에서의 파동을 의미)

$v(x,t) = f(x)g(t)$라고 변수분리 가능하다고 하자.

$v_{xx} = v_{tt}$이므로

$\dfrac{f_{xx}}{f} = \dfrac{g_{tt}}{g} = -\lambda^2$이라고 가정하자.

$f(x) = c_1 \cos(\lambda x) + c_2 \sin(\lambda x)$의 꼴이고

조건 $v(0,t) = v(\pi,t) = 0$ 에서

$f(x) = \sum_{n=1}^{\infty} a_n \sin(nx)$임을 알 수 있다.

조건 $v_t(x,0) = \sin(x)$에서 $f(x) = a_1 \sin(x)$ 이고 $\lambda = 1$ 이다.

이제 $g(t) = c_1 \cos t + c_2 \sin t$ 임을 알 수 있다.

$v(x,0) = 0$에서 $g(t) = c_2 \sin t$ 이고

조건을 모두 고려하여 계산하면

$v(x,t) = \sin x \sin t$라는 결론을 얻을 수 있다.

코드에서 파동의 동영상은 동적 변수인 t에 의해 진행된다.

```
A=NDSolve[{D[v[x,t],x,x]==D[v[x,t],t,t],v[x,0]==0,Derivative[0,1][v][x,0]==Sin[x],v[0,t]==0,v[Pi,t]==0},v,{x,0,Pi},{t,0,2Pi}]
B=DSolve[{D[v[x,t],x,x]==D[v[x,t],t,t],v[x,0]==0,Derivative[0,1][v][x,0]==Sin[x],v[0,t]==0,v[Pi,t]==0},v,{x,t}]
V1[x_,t_]:=v[x,t]/.A[[1]]
V2[x_,t_]:=v[x,t]/.B[[1]]
A1=Plot3D[{V1[x,t]},{x,0,Pi},{t,0,Pi},PlotLabel->"numerical method"];
```

```
B1=Plot3D[{V2[x,t]},{x,0,Pi},{t,0,Pi},PlotLabel->"analytical method"];
Grid[{{A1,B1}}]
Manipulate[Plot[V1[x,t],{x,0,Pi},PlotRange->{{0,Pi},{-2,2}}],{t,0,2Pi}]
≫≫≫
```

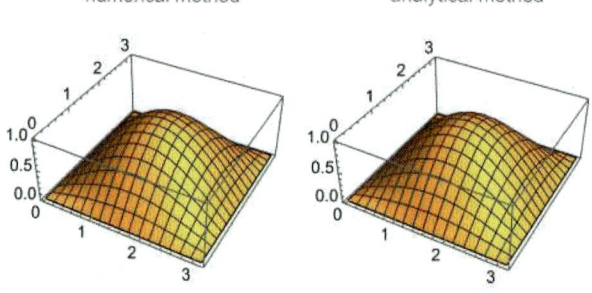

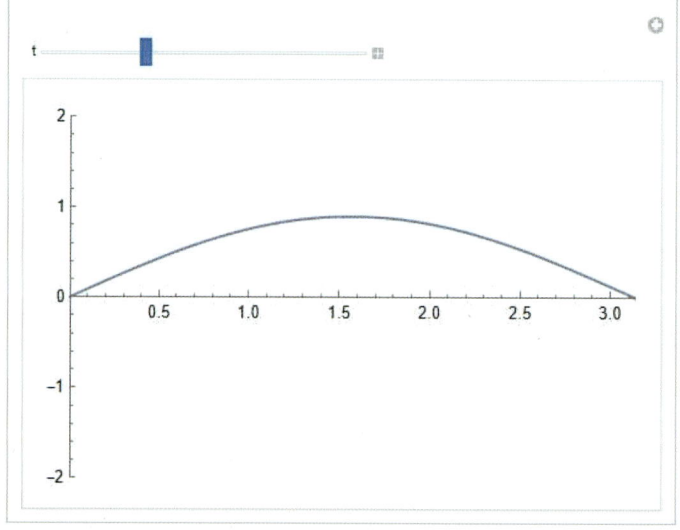

<보충설명>

$V1(x,t)$은 수치적 해법, $V2(x,t)$는 해석적 해법을 통해서 구한 파동방정식의 해를 의미한다.

7. 전자기장에서 전하의 운동 동영상

질량 m, 전하 q, 전기장 $\vec{E} = E(0,0,1)$, 자기장 $\vec{B} = B(1,0,0)$인 물체의 운동방정식은 아래와 같다.

$$\vec{F} = m\vec{a} = q(\vec{E} + v \times \vec{B})$$

처음에는 원점에서 정지되어 있는 질량과 전하량이 각각 1인 입자의 움직임을 코딩으로 표현하고자 한다. 동적변수는 tmax(time으로 표시)로서 tmax에 의해 운동의 동영상이 진행된다. 그리고 지나간 자취를 얇은 실선으로 표시하기 위해 ParametricPlot3D 함수를 사용하여 $[0, tmax]$까지의 운동을 표현하였다.

```
Manipulate[Module[{x,y,z,t,A,v,a,X,Y,Z},m=1;
  B=1;e=1;q=1;
  vecE={0,0,1}; vecB={B,0,0};
  v={D[x[t],t],D[y[t],t],D[z[t],t]}; a=D[v,t];
  eqn=q*vecE+q*Cross[v,vecB]-m*a;
A=NDSolve[{eqn=={0,0,0},x'[0]==0,y'[0]==0,z'[0]==0,x[0]==0,y[0]==0,z[0]==0},
{x,y,z},{t,0,30}];
  X[t_]:=Evaluate[x[t]/.A[[1]]];
  Y[t_]:=Evaluate[y[t]/.A[[1]]];
  Z[t_]:=Evaluate[z[t]/.A[[1]]];
Show[ParametricPlot3D[{X[r],Y[r],Z[r]},{r,0,tmax},PlotRange->{{-6,6},{0,30},{-5,5}},
Axes->True,AxesLabel->{"x","y","z"}],Graphics3D[{Sphere[{X[tmax],Y[tmax],Z[tmax]},
0.3}]]],
{{tmax,0.1,"time"},0.1,25,0.01,AnimationRate->3,Appearance->"Labeled"}]
```

≫ ≫ ≫

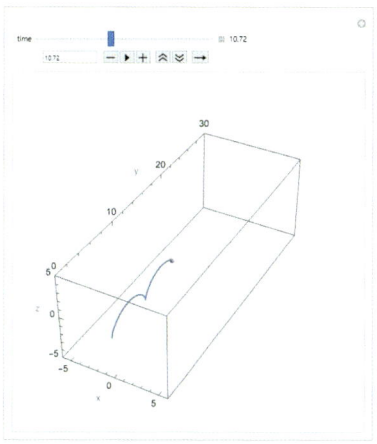

8. 오일러-라그랑지 방정식

오일러-라그랑지 방정식은 어떤 함수와 그 도함수에 대한 함수에 의존하는 범함수의 극값 문제를 다루는 미분방정식을 말한다(위키백과 참조)

가. 오일러-라그랑지 방정식의 이론

$y(x=x_1) = y_1$, $y(x=x_2) = y_2$ 를 만족할 때 적분값 $J = \int_{x_1}^{x_2} f[y(x), y'(x); x] dx$이 극값을 가지기 위한 $y(x)$의 경로는 아래와 같은 과정을 통해 오일러-라그랑지 방정식으로 결정된다.

$$\delta J = \int_{x_1}^{x_2} (\frac{\partial f}{\partial y}\delta y + \frac{\partial f}{\partial y'}\delta y')dx = \int_{x_1}^{x_2} \{\frac{\partial f}{\partial y}\delta y + \frac{\partial f}{\partial y'}\frac{d}{dx}(\delta y)\}dx$$

$$= \int_{x_1}^{x_2} \frac{\partial f}{\partial y}\delta y\, dx + \left[\frac{\partial f}{\partial y'}\delta y\right]_{x_1}^{x_2} - \int_{x_1}^{x_2} \delta y \frac{d}{dx}(\frac{\partial f}{\partial y'})dx$$

$$= \int_{x_1}^{x_2} \left(\frac{\partial f}{\partial y} - \frac{d}{dx}\frac{\partial f}{\partial y'}\right)\delta y\, dx = 0$$

오일러-라그랑지 방정식의 1형식은 아래와 같다.

<오일러-라그랑지 방정식의 1형식>

$y(x=x_1) = y_1$, $y(x=x_2) = y_2$ 를 만족할 때

적분값 $J = \int_{x_1}^{x_2} f[y(x), y'(x); x] dx$ 이 극값을 가지는 경로는

$\frac{\partial f}{\partial y} - \frac{d}{dx}\frac{\partial f}{\partial y'} = 0$ 을 만족한다.

오일러-라그랑지 방정식의 2형식 또한 유도 가능하다.

$$\frac{df}{dx} = y'\frac{\partial f}{\partial y} + y''\frac{\partial f}{\partial y'} + \frac{\partial f}{\partial x}$$

$$= y'\frac{\partial f}{\partial y} + \left(\frac{d}{dx}(y'\frac{\partial f}{\partial y'}) - y'\frac{d}{dx}(\frac{\partial f}{\partial y'})\right) + \frac{\partial f}{\partial x}$$

$$= y'\{\frac{\partial f}{\partial y} - \frac{d}{dx}(\frac{\partial f}{\partial y'})\} + \frac{\partial f}{\partial x} + \frac{d}{dx}(y'\frac{\partial f}{\partial y'})$$

오일러-라그랑지 방정식의 1형식을 대입하면

$$\frac{\partial f}{\partial x} - \frac{d}{dx}\{f - y'\frac{\partial f}{\partial y'}\} = 0$$

만약 $\frac{\partial f}{\partial x} = 0$ 이면 $f - y'\frac{\partial f}{\partial y} =$ 상수 이다.

$f - y'\frac{\partial f}{\partial y} =$ 상수

> **<오일러-라그랑지 방정식의 2형식>**
>
> $y(x = x_1) = y_1$, $y(x = x_2) = y_2$ 를 만족할 때
>
> 적분값 $J = \int_{x_1}^{x_2} f[y(x), y'(x); x] dx$ 이 극값을 가지는 경로는
>
> $\frac{\partial f}{\partial x} = 0$ 일 경우 $f - y'\frac{\partial f}{\partial y} =$ 상수
>
> 을 만족한다.

나. 사이클로이드 곡선의 최단거리성

(1) 이론적 분석

오일러-라그랑지 방정식을 통한 사이클로이드 곡선의 최단거리 성질은
Jerry B. Marion, Stephen T.Thornton(1995)(CLASSICAL DYNAMICS OF PARTICLES AND SYSTEMS(4th), Saunders College Publishing)을 참고하였다.

사이클로이드 곡선의 시작점을 $(0,0)$, 끝점을 (a,b)라 하자. 곡선을 따라 내려올 때 걸리는 시간 T는 다음과 같이 구할 수 있다.

$$T = \int \frac{1}{v} ds \quad (v\text{는 속력, } ds\text{는 길이요소})$$

역학적 에너지 보존 법칙에서 $(0,0)$에서 정지하고 있는 물체가 낙하 후 (x,y)에 있을 때 $(y < 0)$,

$mg(-y) = \frac{1}{2}mv^2$ 에서 $v = \sqrt{-2gy}$ 를 얻을 수 있다.

$x = x(y)$로 생각하면 $T = \int \frac{1}{v} ds = \frac{1}{\sqrt{2g}} \int_0^b \frac{\sqrt{1 + x'(y)^2}}{\sqrt{-y}} dy$

위의 적분은 $x = x(y)$이 정해져야 구할 수 있으며, 걸리는 시간이 극소가 되기 위한 경로는 오일러-라그랑지 방정식을 만족한다.

$$F[x,x';y] = \frac{\sqrt{1+x'(y)^2}}{\sqrt{-y}}, \quad \frac{\partial F}{\partial x} - \frac{d}{dy}\frac{\partial F}{\partial x'} = 0$$

$$\frac{\partial F}{\partial x} - \frac{d}{dy}\frac{\partial F}{\partial x'} = 0 - \frac{d}{dy}\left(\frac{x'}{\sqrt{-y(1+x'^2)}}\right) = 0$$

따라서 $\dfrac{x'}{\sqrt{-y(1+x'^2)}}$ 의 값은 일정하다.

$\dfrac{x'}{\sqrt{-y(1+x'^2)}} = \dfrac{1}{\sqrt{2r}}$ 로 두면 $\dfrac{dx}{dy} = -\sqrt{\dfrac{-y}{2r+y}}$ 이다.

이 방정식의 해는 $x = r(t-\sin t), y = -r(1-\cos t)$로서 사이클로이드 곡선이 된다.

(2) 매스매티카로 미분방정식 풀기

두 점 $(0,0), (2,-2)$을 지나는 최단거리 곡선을 오일러-라그랑지 방정식을 이용하여 구하고 수치적 방법과 해석적 방법을 이용한 곡선 경로를 각각 비교해보겠다.

해석적 방법을 이용하면

$x = r(t-\sin t), y = -r(1-\cos t)$가 되는데

$t = t_1$일 때 $(0,0)$을 지나며 $t = t_2$일 때 $(2,-2)$를 지난다고 하자.

이것을 FindRoot 함수를 사용하여 r, t_1, t_2를 각각 구하면

$(r, t_1, t_2) = (1.14583, 0, 2.41201)$이 나온다. 이 결과를 아래와 같이 확인하는 코딩을 제작할 수 있다.

```
lag:=Sqrt[1+(D[x[y],y])^2]/Sqrt[-y];
eq:=D[lag,x[y]]-Dt[D[lag,D[x[y],y]],y];
eq1:=D[lag,D[x[y],y]];
sol=NDSolve[{eq==0,x[-0.01]==0,x[-2]==2},x,{y,-2,-0.01}];
X[y_]:=x[y]/.sol[[1]];
f[t_]:=a*(t-Sin[t]);
g[t_]:=-a*(1-Cos[t]);
A=FindRoot[{f[t2]==2,g[t2]==-2,f[t1]==0},{{a,1.1},{t1,0},{t2,2.4}}]
F[t_]:=f[t]/.a->A[[1,2]]
G[t_]:=g[t]/.a->A[[1,2]]
F[t]
G[t]
numgf=ParametricPlot[{X[y],y},{y,-2,0},AxesLabel->{"x","y"}];
```

```
analgf=ParametricPlot[{f[T],g[T]},{T,0,2.41201},AxesLabel->{"x","y"}];
Show[{numgf},{analgf}]
```

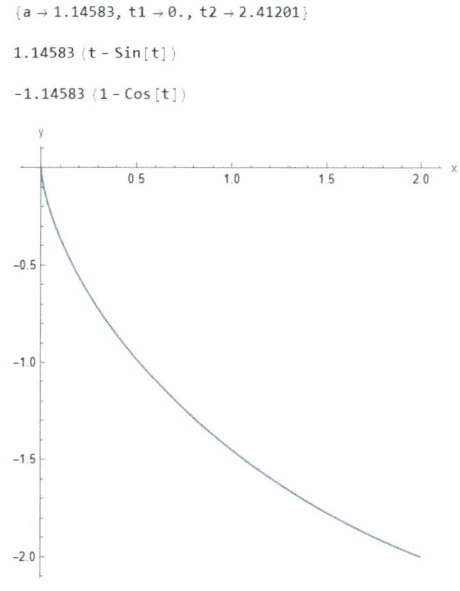

<보충설명>

미분방정식의 경계조건으로 x[y=-0.01]==0,x[-2]==2를 부여하였는데, 여기서 x[y=0]==0 으로 둘 경우 수치해를 구하는 과정 중에 발산하는 문제가 생겨서 오류가 발생하므로 x[-0.01]==0 를 경계조건으로 부여하였다.

수치적 방법과 해석적 방법을 이용한 해가 구분이 되지 않게 겹치므로 두 방법에 의한 해의 그래프가 거의 일치함을 확인할 수 있다.

그리고 여기서 A[[1,2]]은 a의 값을 의미한다.

다. 회전하는 극소곡면

(1) 이론적 분석

오일러-라그랑지 방정식을 통한 회전하는 극소곡면의 설명은

Jerry B. Marion, Stephen T.Thornton(1995)(CLASSICAL DYNAMICS OF PARTICLES AND SYSTEMS(4th), Saunders College Publishing)을 참고하였다.

xy평면상의 두 고정점을 지나는 닫힌 곡선을 y축을 중심으로 회전하여 생성되는 곡면의 넓이가 극소가 되는 곡선은 다음과 같이 찾을 수 있다.

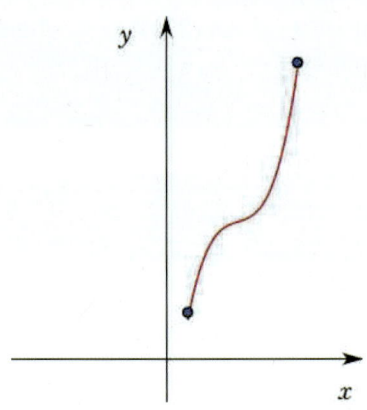

y축을 중심으로 회전하는 곡면을 zx평면에 평행한 띠 조각들로 자르자. 띠 조각의 넓이 dA를 고려하자.

$$dA = 2\pi x\, ds = 2\pi x \sqrt{dx^2 + dy^2} = 2\pi x \sqrt{1 + y'^2}\, dx$$

$$F[y, y'; x] = x\sqrt{1 + y'^2}, \quad \frac{\partial F}{\partial y} - \frac{d}{dx}\frac{\partial F}{\partial y'} = 0$$

이것을 풀면 $\dfrac{xy'}{\sqrt{1+y'^2}} = a$, $y' = \dfrac{a}{\sqrt{x^2 - a^2}}$.

$$y = a\cosh^{-1}\left(\frac{x}{a}\right) + b$$

(2) 매스매티카로 미분방정식 풀기

xy평면상의 두 점 $(2,3), (5,4)$를 지나는 닫힌 곡선을 y축을 중심으로 회전하여 생성되는 곡면의 넓이가 극소가 되는 곡선을 수치적 해법으로 아래와 같이 찾을 수 있다. 해석적 방법(매스매티카에서 DSolve 함수를 통해 바로 풀지는 못하고 손으로 적분하여 직접 해를 찾음)을 통한 해 $y = g(x)$는 $y = g(x) = 1.67985 + 1.022\cosh^{-1}(\dfrac{x}{1.022})$와 같으며 수치적 방법과 해석적 방법으로 각기 찾은 그래프를 그리면 거의 일치함을 관찰할 수 있다.

```
areaf:=x*Sqrt[1+(D[y[x],x])^2];
eq:=D[areaf,y[x]]-Dt[D[areaf,D[y[x],x]],x];
sol=NDSolve[{eq==0,y[2]==3,y[5]==4},y,{x,2,8}];
Y[x_]:=y[x]/.sol[[1]];
f[x_]:=a*ArcCosh[x/a]+b
data={{2,3},{5,4}};
A=FindFit[data,f[x],{a,b},x]
g[x_]:=f[x]/.A
```

```
g[x]
ParametricPlot[{{x,Y[x]},{x,g[x]}},{x,2,10},AxesLabel->{"x","y"},PlotRange->{{0,6},{0,6}},
PlotLegends->{"numerical","analytical"}]
ParametricPlot3D[{x*Cos[th],Y[x],x*Sin[th]},{x,2,10},{th,0,2*Pi},AxesLabel->{"x","y","z"},
PlotRange->{{-6,6},{0,6},{-6,6}}]
```

≫≫≫

$\{a \to 1.022, b \to 1.67985\}$

$1.67985 + 1.022\, \text{ArcCosh}[0.978474\, x]$

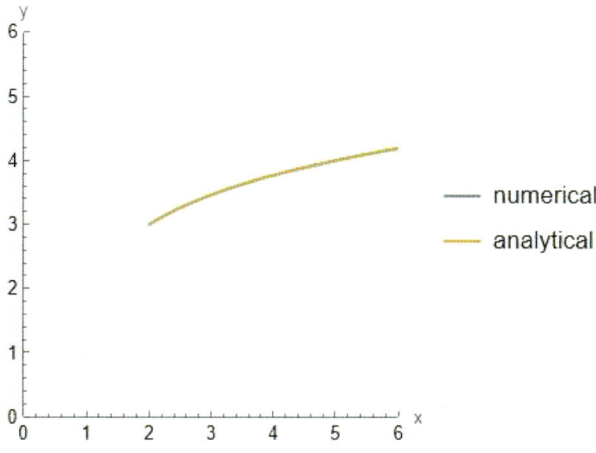

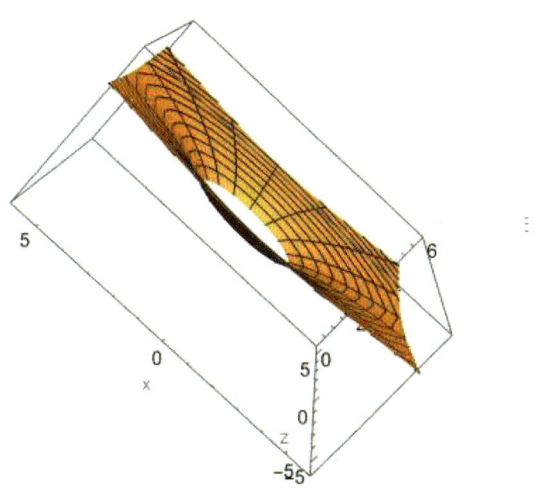

라. 원뿔 위의 측지선

(1) 이론적 분석

구면이나 실린더 위에서의 측지선은 잘 알려져 있다. 하지만 원뿔 위의 측지선에 대해서는 많은 사람들이 아리송해 할 것이다.

원뿔위의 곡선이 원뿔 위 모선이면 측지선임이 명확하므로 이 경우는 제외하고 다른 측지선에 대해 생각해보자. 이에 대한 내용은 J.Oprea(2003)(Geodesics on a Cone)을 참고하였다.

원뿔 위의 측지선이 $z = z(\theta)$를 따른다고 하자. 원뿔에서의 측지선 위의 점의 좌표는 z, θ의 식으로 적을 수 있다.

$$\begin{cases} x = r\cos\theta = kz(\theta)\cos\theta \\ y = r\sin\theta = kz(\theta)\sin\theta \\ z = z(\theta) \end{cases}$$

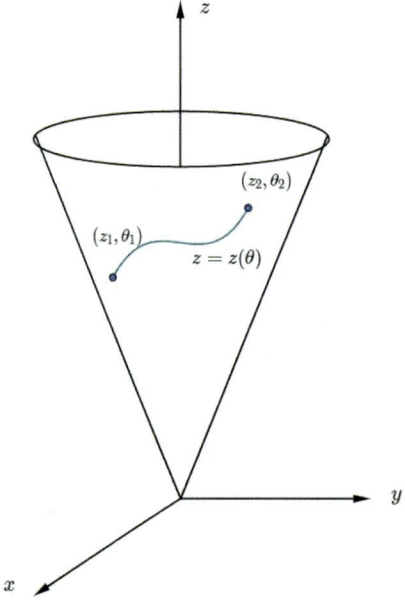

곡선 위의 미소거리분 ds에 대하여 $ds^2 = dr^2 + r^2 d\theta^2 + dz^2$이므로 정리하면
$ds^2 = k^2 dz^2 + k^2 z^2 d\theta^2 + dz^2 = (k^2 z'^2 + k^2 z^2 + z'^2) d\theta^2$ 이다.

따라서 측지선 $z = z(\theta)$를 따라 곡선의 길이를 L이라 할 때,

$$L = \int ds = \int_{\theta_1}^{\theta_2} \sqrt{k^2 z'^2 + k^2 z^2 + z'^2} \, d\theta$$ 가 된다.

여기서는 θ_1을 편의상 0으로 잡도록 하겠다.

$f(z, z'; \theta) = \sqrt{k^2 z'^2 + k^2 z^2 + z'^2} = \sqrt{(k^2+1)z'^2 + k^2 z^2}$ 라고 할 때,

$a^2 = \dfrac{k^2}{1+k^2}$ 이라 하면$(a > 0)$

$F(z, z'; \theta) = \sqrt{z'^2 + a^2 z^2}$ 으로 잡고 오일러-라그랑지 방정식을 적용해도 된다.

오일러-라그랑지 방정식 1형식을 사용하면 해를 구하기가 힘들기에 여기서는 오일러-라그랑지 방정식 2형식을 사용할 수 있다.

$\dfrac{\partial F}{\partial \theta} - \dfrac{d}{d\theta}\left\{ F - z' \dfrac{\partial F}{\partial z'} \right\} = 0$ 에서 식 F가 θ를 포함하지 않으므로

$F - z' \dfrac{\partial F}{\partial z'} = c$ 가 되고 이것을 계산하면

$\dfrac{a^2 z^2}{\sqrt{z'^2 + a^2 z^2}} = c$ 이며 정리하면 $\dfrac{dz}{d\theta} = az \sqrt{\dfrac{a^2 z^2}{c^2} - 1}$ 이 나온다.

계산하면 $\displaystyle\int \dfrac{dz}{z\sqrt{\dfrac{a^2 z^2}{c^2} - 1}} = \sec^{-1}\left(\dfrac{a}{c} z\right) = a\theta + u_1$ ($z = \sec u$로 치환)

다시 정리하면 $z(\theta) = \dfrac{c}{a \cos(a\theta + u_1)}$ 이 나온다. (단, $|a\theta + u_1| < \dfrac{\pi}{2}$)

경계조건으로 $z(\theta_1 = 0) = z_1, z(\theta_2) = z_2$를 대입하면 $c = a z_1 \cos u_1$이므로

$z(\theta) = \dfrac{z_1 \cos u_1}{\cos(a\theta + u_1)}$ 이고, $\cos(a\theta_2 + u_1) = \cos a\theta_2 \cos u_1 - \sin a\theta_2 \sin u_1$ 이므로

$\tan u_1 = \dfrac{z_2 \cos(a\theta_2) - z_1}{z_2 \sin(a\theta_2)}$ 이다.

$z(\theta) = \dfrac{z_1 \cos u_1}{\cos(a\theta)\cos u_1 - \sin(a\theta)\sin u_1} = \dfrac{z_1}{\cos(a\theta) - \sin(a\theta)\tan u_1}$

$= \dfrac{z_1}{\cos(a\theta) - \sin(a\theta)\dfrac{z_2 \cos(a\theta_2) - z_1}{z_2 \sin(a\theta_2)}}$

원뿔 위의 측지선은 k값(혹은 a값)에 따라 측지선의 개수가 다른데

k값이 커질수록(원뿔이 편평해질수록) 측지선의 개수는 적어지고, $k = 1$ $\left(a = \dfrac{1}{\sqrt{2}}\right)$일 때는 측지선이 정확히 하나이고, 실제로 $k > \dfrac{1}{\sqrt{3}}$ $\left(a > \dfrac{1}{2}\right)$일 때는 측지선은 항상 1개이다.

(2) 매스매티카로 미분방정식 풀기

출발점과 도착점을 고정한 채로 오일러-라그랑지 미분방정식을 풀면 원뿔 위 측지선의 해를 구할 수 있다. $z_1 < z_2$ 이면서 $z_1, z_2 \in (0, 2)$ 이고 $k=1$, $\theta_2 \in (0, \pi)$ 로 세팅한 원뿔 위의 측지선 코드는 아래와 같이 제작할 수 있다.

```
geodesic[z1_,z2_,th2_]:=Module[{lengthf,eq,sol,th,X,Y,Z,geodesicplot},
  k=1;
  a=k/Sqrt[1+k^2];
  lengthf:=Sqrt[(D[z[th],th])^2+(a*z[th])^2];
  eq:=Dt[lengthf-D[z[th],th]*D[lengthf,D[z[th],th]],th];
sol=NDSolve[{eq==0,z[0]==z1,z[th2]==z2},z,{th,-0.1*Pi,Pi}];
  cone=Cone[{{0,0,2},{0,0,0}},2];
  Z[th_]:=Evaluate[z[th]/.sol[[1]]];
  X[th_]:=Evaluate[z[th]*Cos[th]/.sol[[1]]];
  Y[th_]:=Evaluate[z[th]*Sin[th]/.sol[[1]]];
Z1[th_]:=z1/(Cos[a*th]-Sin[a*th]*(z2*Cos[a*th2]-z1)/(z2*Sin[a*th2]));
  X1[th_]:=Z1[th]*Cos[th];
  Y1[th_]:=Z1[th]*Sin[th];
geodesicplot1=ParametricPlot3D[{X1[s],Y1[s],Z1[s]},{s,0,th2},PlotRange->{{-2,2},{-2
,2},{0,2}},Axes->True,AxesLabel->{"x","y","z"},PlotStyle->{Thickness[0.01],Red}];
geodesicplot=ParametricPlot3D[{X[r],Y[r],Z[r]},{r,0,th2},PlotRange->{{-2,2},{-2,2},{0
,2}},Axes->True,AxesLabel->{"x","y","z"},PlotStyle->{Blue,Thickness[0.01]}];
  Show[{geodesicplot,geodesicplot1,Graphics3D[cone]}]]
geodesic[1,1.5,0.9Pi]
```

≫≫≫

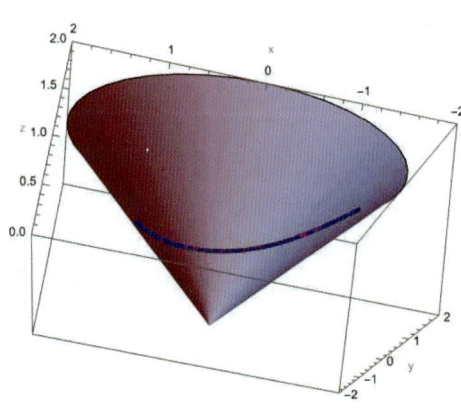

> **<보충설명>**
> z1, z2, th2 값에 따라 NDSolve 함수를 실행하면서 특이점이 발생하는 경우도 있다. geodesicplot은 오일러-라그랑지 방정식을 수치적 방법을 통해 해석한 해로 정의하였고 파란색으로 그래프를 그렸다. 반면 geodesicplot1은 오일러-라그랑지 방정식을 해석적 방법을 통해 직접 적분하여 얻은 결과로 정의하였고 해석적 방법을 통해 얻은 해로서 빨간색으로 그래프를 그렸다. 두 결과는 거의 일치함을 위에서 확인할 수 있다.

(3) 해석적 방법으로 다양한 측지선 관찰하기

해석적 방법을 사용하여 조건 $z(\theta_1=0)=z_1, z(\theta_2)=z_2$, $z_1<z_2$, $\theta_2\in(0,\pi)$을 만족하는

$$z(\theta)=\frac{z_1}{\cos(a\theta)-\sin(a\theta)\dfrac{z_2\cos(a\theta_2)-z_1}{z_2\sin(a\theta_2)}}$$

을 따르는 측지선의 변화를 관찰하기 위해 Manipulate 함수를 사용하여 아래와 같이 코드를 제작할 수 있다.

```
Manipulate[Module[{lengthf,eq,sol,th,X,Y,Z,geodesicplot},k=1;
  a=k/Sqrt[1+k^2];
  cone=Cone[{{0,0,2},{0,0,0}},2];
  Z1[th_]:=z1/(Cos[a*th]-Sin[a*th]*(z2*Cos[a*th2]-z1)/(z2*Sin[a*th2]));
  X1[th_]:=Z1[th]*Cos[th];
  Y1[th_]:=Z1[th]*Sin[th];
geodesicplot1=ParametricPlot3D[{X1[s],Y1[s],Z1[s]},{s,0,th2},PlotRange->{{-2,2},{-2,2},{0,2}},Axes->True,AxesLabel->{"x","y","z"},PlotStyle->{Thickness[0.01]}];
Show[{geodesicplot1,Graphics3D[cone]}]],{z1,0.1,1.5,0.1,Appearance->"Labeled"},{z2,z1,2,0.1,Appearance->"Labeled"},{th2,0.1*Pi,Pi,0.1*Pi,Appearance->"Labeled"}]
```

≫≫≫

매스매티카를 활용한
수학 물리 놀이하기 2

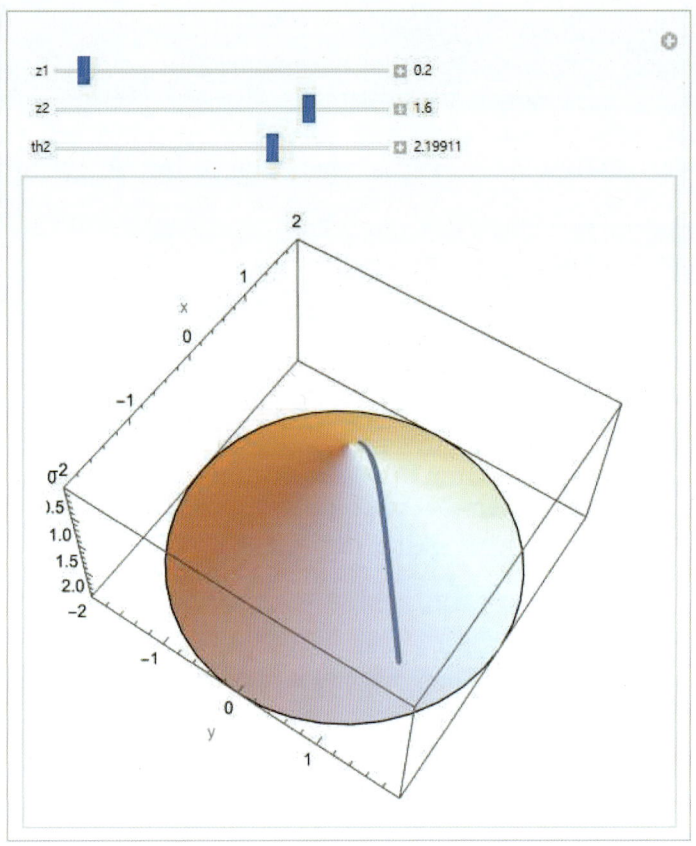

<보충설명>
코드를 실행한 후 입체를 보는 방향은 z_1, z_2 중 하나를 설정하는 순간부터 고정되기 때문에 측지선을 관찰하는 것이 불편할 수 있다는 것을 감안하도록 하자.

9. 강제진동자에 의한 공명

가. 이론적 분석

강제진동자에 의해 외부힘이 주기적으로 반복될 때 이 힘이 반복되는 진동수에 따라 물체의 진폭이 변하는 현상을 공명이라 한다.

운동방정식은 아래와 같다.

$$F = m\ddot{x} = -kx - \gamma \dot{x} + F_0 \cos wt$$

이를 정리하면

$$m\ddot{x} + \gamma \dot{x} + kx = F_0 \cos wt$$

다시 정리하면

$$\ddot{x} + 2b\dot{x} + w_0^2 x = A\cos wt \quad (2b = \frac{\gamma}{m},\ w_0^2 = \frac{k}{m},\ \frac{F_0}{m} = A)$$

해 $x(t)$는 일반해 $x_c(t)$와 특수해 $x_p(t)$의 합으로 이뤄진다.

$$x_c(t) = e^{-bt}[A_1 \exp(\sqrt{b^2 - w_0^2}\,t) + A_2 \exp(-\sqrt{b^2 - w_0^2}\,t)]$$

$$x_p(t) = D\cos(wt - \delta)$$

특수해 $x_p(t)$를 미분방정식에 대입하여 정리하면

$\tan \delta = \dfrac{2wb}{w_0^2 - w^2}$ 이고,

특수해의 진폭 D는 $D = \dfrac{A}{\sqrt{(w_0^2 - w^2)^2 + 4w^2 b^2}}$ 이다.

$x(t) = x_c(t) + x_p(t)$인데, $x_c(t)$는 감쇄진동이므로 시간이 지날수록 0에 수렴하므로 시간이 충분히 지난 후에는 $x(t) \simeq x_p(t)$로 볼 수 있다.

시간이 충분히 지난 후 해의 진폭 D가 최대가 될 때의 강제진동자의 진동수를 w_R이라고 하자.

$\dfrac{dD}{dw}(w = w_R) = 0$을 계산하면 $w_R = \sqrt{w_0^2 - 2b^2}$ 이고 이 때의 진폭 D는

$D(w = w_R) = \dfrac{A}{2b\sqrt{w_0^2 - b^2}}$ 이다.

나. 강제진동자($A\cos wt$)에 따른 공명현상 관찰

강제진동자의 진동수가 공명진동수의 0.7, 1.0, 1.1 배일 때, 각각 물체의 운동방정식을 미분방정식으로 표현하고 해석적 방법으로 해를 구하여 각각의 시간에 따른 추이를 그래프로 나타내고자 코딩을 하였다.

```
b=0.02;
w0=1;
A=1;
wreson=Sqrt[((w0)^2)-2*b^2];
maxamp=A/(2*b*Sqrt[((w0)^2)-b^2]);
eqn70:=x''[t]+2*b*x'[t]+((w0)^2)*x[t]==A*Cos[wreson*0.7*t];
eqn100:=x''[t]+2*b*x'[t]+((w0)^2)*x[t]==A*Cos[wreson*t];
eqn110:=x''[t]+2*b*x'[t]+((w0)^2)*x[t]==A*Cos[wreson*1.1*t];
A70=DSolve[{eqn70,x[0]==0,x'[0]==1},{x},{t}];
A100=DSolve[{eqn100,x[0]==0,x'[0]==1},{x},{t}];
A110=DSolve[{eqn110,x[0]==0,x'[0]==1},{x},{t}];
X70[t_]:=x[t]/.A70[[1]];
X100[t_]:=x[t]/.A100[[1]];
X110[t_]:=x[t]/.A110[[1]];
Plot[{X70[t],X100[t],X110[t]},{t,0,100},PlotRange->{{0,80},{-25,25}},AxesLabel->{time,x},
PlotLegends->{"w=0.7 of resonance frequency","exactly resonance frequency","w=1.1 of resonance frequency"}]
```

≫ ≫ ≫

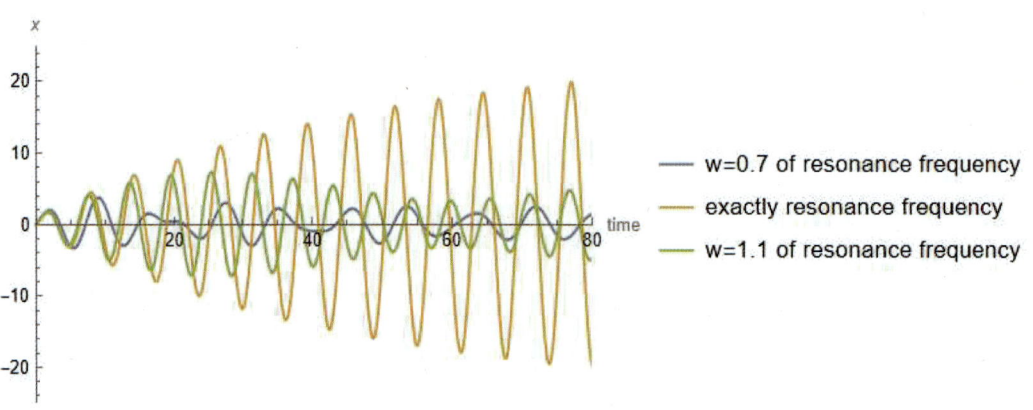

<보충설명>

강제진동자의 진동수가 공명진동수에 가까울수록 물체의 진폭이 커진다는 것을 확인할 수 있다. 강제진동자의 진동수가 크다고 해서 물체의 진폭이 따라 커지는 것은 아님에 유의하자.

다. 강제진동자($A\cos wt$)에 따른 공명현상 테이블

Table 함수를 사용하여 아래와 같이 다양하게 강제진동자의 각진동수에 따라 진폭의 그래프를 나타낼 수도 있다.

```
b=0.02;
w0=1;
A=1;
wreson=Sqrt[((w0)^2)-2*b^2];
maxamp=A/(2*b*Sqrt[((w0)^2)-b^2]);
eqn:=x''[t]+2*b*x'[t]+((w0)^2)*x[t]==A*Cos[wreson*t*r];
A=DSolve[{eqn,x[0]==0,x'[0]==1},{x},{t}];
X[t_]:=x[t]/.A[[1]];
Plot[Evaluate[Table[X[t],{r,0.5,1.1,0.2}]],{t,0,70},PlotRange->{{0,70},{-15,15}},
AxesLabel->{time,x},PlotLegends->Table["w=angular frequency of resonance *"<>
ToString[r],{r,0.5,1.1,0.2}]]
```

≫≫≫

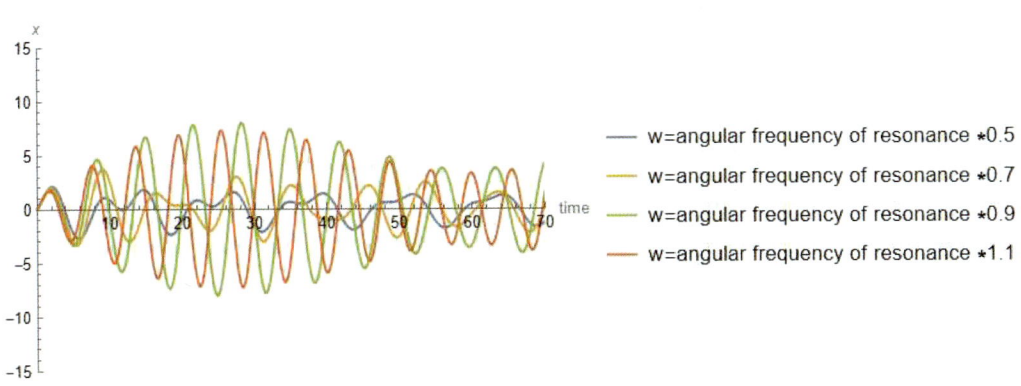

<보충설명>

이 코드에서 중요한 것은 Plot[Table[X[t]이해]로 코딩시는 그래프의 색이 모두 같게 나타나게 되어 다른 진동수에 따른 그래프를 서로 구별하기 힘들게 된다. 이를 방지하기 위한 방법으로 Plot[Evaluate[Table[X[t]이해]]으로 Evaluate 를 사용하여 Plot 실행 이전 Table로 구성된 각각의 함수가 개별곡선으로 처리되게 하여야 한다.

라. 일정한 주기적 힘의 영향 하에 공명현상 관찰

일정한 힘을 주기적으로 물체에 제공하는 경우 또한 비슷한 결과를 낳는다. 친구가 타는 그네를 밀어줄 때와 유사한 상황이다.

```
b=0.02; w0=1; A=5;
wreson=Sqrt[((w0)^2)-2*b^2];
period=2*Pi/wreson
period70=(2*Pi/wreson)*0.7;
period110=(2*Pi/wreson)*1.1;
maxamp=A/(2*b*Sqrt[((w0)^2)-b^2]);
f100[t_]:=Piecewise[{{A,0<=t<0.1*period},{0,0.1*period<=t<period}}];
g100[t_]:=f100[t-period*Floor[t/period]];
f70[t_]:=Piecewise[{{A,0<=t<0.1*period70},{0,0.1*period70<=t<period70}}];
g70[t_]:=f70[t-period70*Floor[t/period70]];
f110[t_]:=Piecewise[{{A,0<=t<0.1*period110},{0,0.1*period110<=t<period110}}];
g110[t_]:=f110[t-period110*Floor[t/period110]];
eqn100:=x''[t]+2*b*x'[t]+((w0)^2)*x[t]==g100[t];
eqn70:=x''[t]+2*b*x'[t]+((w0)^2)*x[t]==g70[t];
eqn110:=x''[t]+2*b*x'[t]+((w0)^2)*x[t]==g110[t];
A70=NDSolve[{eqn70,x[0]==0,x'[0]==1},{x},{t,70}];
A100=NDSolve[{eqn100,x[0]==0,x'[0]==1},{x},{t,70}];
A110=NDSolve[{eqn110,x[0]==0,x'[0]==1},{x},{t,70}];
X70[t_]:=x[t]/.A70[[1]];
X100[t_]:=x[t]/.A100[[1]];
X110[t_]:=x[t]/.A110[[1]];
Plot[{X70[t],X100[t],X110[t]},{t,0,100},PlotRange->{{0,70},{-25,25}},AxesLabel->{time,x},
PlotLegends->
{"period of driven force = 0.7p","period of driven force = 1p","period of driven force = 1.1p"}]
```

≫≫≫

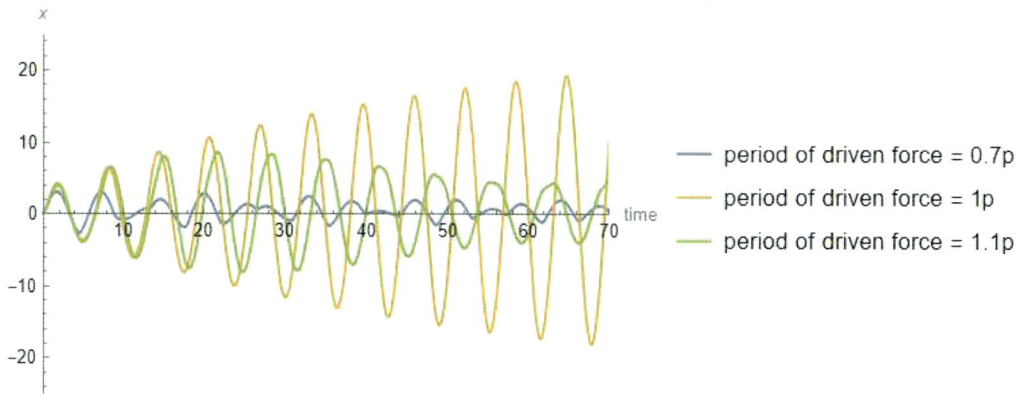

<보충설명>

일정한 힘을 물체에 작용하는 주기가 공명진동수의 주기와 가까울수록 물체의 진폭은 커진다는 것을 확인할 수 있다.

마. 강제진동자에 의한 공명현상 동영상

강제진동자($A\cos wt$)에 의한 공명현상을 동영상으로 아래와 같은 코드를 제작할 수 있다. 입자 운동의 동영상은 동적변수인 b, w에 의해 변하고 tmax 에 의해 진행된다.

```
Manipulate[Module[{x,t,text},w0=1;
  wreson=Sqrt[((w0)^2)-2*b^2];
  maxamp=A/(2*b*Sqrt[((w0)^2)-b^2]); A=1;
  eqn=x''[t]+2*b*x'[t]+((w0)^2)*x[t]==A*Cos[w*t];
  sol=NDSolve[{eqn,x[0]==0,x'[0]==1},{x},{t,0,60}];
  text=Text[Style["angular frequency of resonance="<>ToString[wreson]],{30,-8}];
  X[t_]:=x[t]/.sol[[1]];
Show[{ParametricPlot[{r,X[r]},{r,0,tmax},PlotRange->{{0,50},{-30,30}},Axes->True,
AxesLabel->{"time","x"},PlotStyle->Thin],
Graphics[{{Blue,Disk[{tmax,X[tmax]},0.3]},{text}}]}]],
{tmax,0.1,50,0.001,Appearance->"Labeled",AnimationRate->6},
{b,0.01,5,0.01,Appearance->"Labeled"},{w,0,1,0.01,Appearance->"Labeled"}]
```

≫≫≫

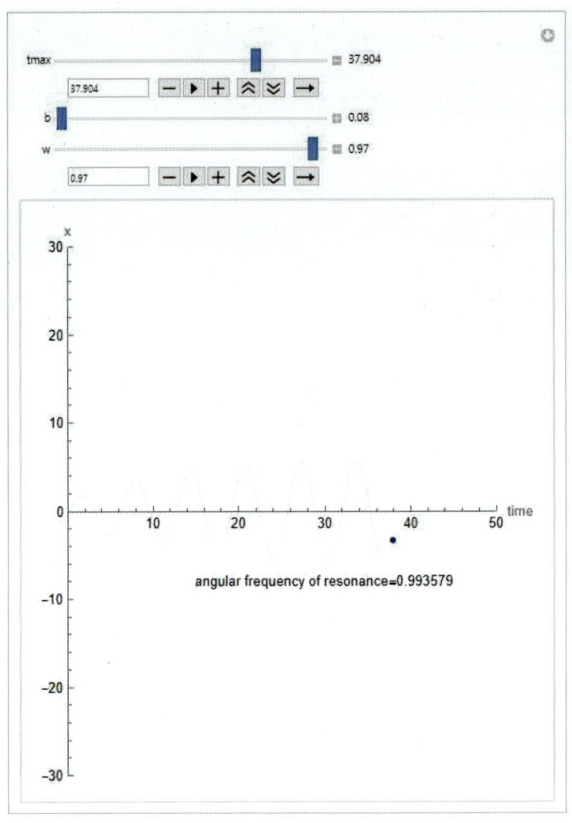

<보충설명>

공명진동수가 그래프의 가로축 하단에 실시간으로 표시되는데 이 수치와 w가 가까울수록 물체의 진폭이 커진다는 것을 확인할 수 있다.

Ⅳ. 매스매티카의 여러 함수 기능 익히기

1. 편미분과 전미분

가. 편미분

다변수함수에 대한 편미분은 특정 변수를 제외한 나머지 변수들을 모두 상수로 보고 미분을 하는 것을 말한다.

매스매티카에서는 D함수를 아래의 형식으로 사용한다.

> ① D[표현식, 변수] 는 표현식을 변수로 편미분하여 출력한다.
>
> ② D[표현식,{변수,n}] 는 표현식을 변수로 n번 편미분하여 출력한다.
>
> ③ D[표현식,변수1,변수2]는 표현식을 변수1, 변수2 로 차례로 편미분하여 출력한다.

(1) 함수 혹은 방정식을 편미분하기

매스매티카에서는 함수 혹은 방정식에 대한 편미분을 계산할 수 있다. 다양한 예시를 통해 살펴보도록 하자.

(예시1) 방정식 $x^2+y^2=1$ 을 x로 편미분하는 코드이다.

```
D[x^2+y^2==1,x]
```

≫≫≫

    2 x==0

(예시2) y가 x에 대한 함수일 때, $x^2+\{y(x)\}^2=1$을 x로 편미분하는 코드인데 x로 전미분하는 결과와 동일하다.

```
D[x^2+y[x]^2==1,x]
```

≫≫≫

    2 x + 2 y[x] y'[x] == 0

(예시3) y가 x에 대한 함수일 때, $x^2 + \{y(x)\}^2 = 1$을 x로 2회 편미분하는 코드인데 x로 2회 전미분하는 결과와 동일하다.

D[x^2+y[x]^2==1,{x,2}]

≫≫≫

$$2 + 2y'[x]^2 + 2y[x]y''[x] \equiv 0$$

<보충설명>

D[x^2+y[x]^2==1,x,x] 도 동일한 결과를 출력한다.

(예시4) $f(x,y) = \sin(x+y) + xy$ 일 때, $\dfrac{\partial f}{\partial x}$, $\dfrac{\partial^2 f}{\partial x \partial y}$ 를 출력하는 코드는 아래와 같다.

f[x_,y_]:=Sin[x+y]+x*y;
D[f[x,y],x]
D[f[x,y],x,y]

≫≫≫

y+Cos[x+y]
1-Sin[x+y]

(예시5) $A = \sqrt{x(t)^2 + x'(t)^2}$ 이라고 정의할 때, A를 $x(t)$로 편미분한 결과를 출력하는 코드이다.

A=Sqrt[x[t]^2+x'[t]^2];
D[A,x[t]]

≫≫≫

$$\frac{x[t]}{\sqrt{x[t]^2 + x'[t]^2}}$$

(예시6) $A = \sqrt{x(t)^2 + x'(t)^2}$ 이라고 정의할 때, A를 $x'(t)$로 편미분한 결과를 출력하는 코드이다.

A=Sqrt[x[t]^2+x'[t]^2];
D[A,x'[t]]

≫≫≫

$$\frac{x'[t]}{\sqrt{x[t]^2 + x'[t]^2}}$$

(예시7) $f(x,y) = \tan^{-1}\{g(2x+5y)\}$ 일 때, $\dfrac{\partial f}{\partial x}$ 를 출력하는 코드이다.

```
f[x_,y_]:=ArcTan[g[2*x+5*y]];
D[f[x,y],x]
```

≫≫≫

$$\dfrac{2\,g'[2x+5y]}{1+g[2x+5y]^2}$$

(예시8) $f(x,y) = \exp[2x(s,t) + 3y(s)]$ 일 때, $\dfrac{\partial f}{\partial s}$ 를 출력하는 코드이다.

```
f[x_,y_]:=Exp[2*x[s,t]+3*y[s]];
D[f[x,y],s]
```

≫≫≫

$$e^{2x[s,t]+3y[s]}\left(3y'[s] + 2x^{(1,0)}[s,t]\right)$$

<보충설명>

위의 편미분은 $\dfrac{\partial f}{\partial s} = \dfrac{\partial f}{\partial x} \cdot \dfrac{\partial x}{\partial s} + \dfrac{\partial f}{\partial y} \cdot \dfrac{dy}{ds}$ 에 의한 것이다.

코드 출력 결과에서 $x^{(1,0)}[s,t]$는 $x(s,t)$를 변수의 첫 번째 성분인 s로 1회 편미분한 함수를 의미한다.

(2) 편미분 함수(도함수)를 새로운 함수로 만들기

다변수함수를 정의한 후 편미분을 하면 매스매티카는 결과를 출력한다. 하지만 편미분한 함수를 새로운 함수로 보고 이 함수에 대한 함숫값을 출력할 때는 오류가 생기는데 이 문제에 대해 간단히 논하고 해결 방법을 설명하도록 하겠다.

이 과정을 매스매티카를 통해 시연해보자.

(가) 도함수의 오류 찾기

함수 $f(x)$에 대한 도함수를 새로이 정의한 후 특정한 실수에서의 도함수의 값을 구할 때 어떠한 오류가 발생하는지 아래에서 순차적으로 설명하겠다.

$f(x)$를 x^3에 대한 2계 도함수라고 하자. 당연히 $(x^3)'' = 6x$ 이다.

$f(3) = 6 \cdot 3 = 18$임을 쉽게 알 수 있다.

```
f[x_]:=D[x^3,{x,2}];
f[x]
```
≫≫≫
      6x

<보충설명>

x에 관한 함수식을 n번 미분하는 것을 나타낼 때는 D[함수식, {x,n}]로 나타낸다.

```
f[x_]:=D[x^3,{x,2}];
f[x]/.x->3
```
≫≫≫
      18

<보충설명>

$f(x)$의 함수에 $x = 3$를 대입하여 정답 18가 출력되었다. 하지만 조금 불편한 감이 있다.

하지만 $f(2)$를 바로 입력하면 알 수 없는 오류가 발생한다.
```
f[x_]:=D[x^3,{x,2}];
f[3]
```
≫≫≫

··· General: 3 is not a valid variable.

$\partial_{\{3,2\}} 27$

<보충설명>

f[x_]:=D[x^3,{x,2}] 로 정의하였기 때문에 f[3]은
D[27,{3,2}]를 출력하는데 이는 우리가 의도하는 결과가 아니다.

(나) 새로운 도함수 정의하기

도함수를 새로운 함수로 정의하여 x=a에서 함숫값을 계산하고 싶을 때는 :=를 사용하지 않고

=을 사용하여 다음과 같이 코딩해야 한다. 혹은 Derivative 함수를 사용하여 우리의 의도에 맞게 함수를 정의하는 코딩이 가능하다. Derivative 함수의 사용법은 아래와 같다.

> Derivative[k,l][f][x,y]는 함수 f[x,y]를 x에 대해 k번 편미분, y에 대해 l번 편미분한 함수를 의미한다.

아래의 예시를 통해 도함수를 새로운 함수로 정의하는 방법에 대해 살펴보자.

(예시1) $g(x) = \dfrac{d^2}{dx^2}(x^3)\ (=6x)$ 를 새로이 정의하고 $g(3)$을 출력하는 코드는 아래와 같다.

```
g[x_]=D[x^3,{x,2}];
g[x]
g[3]
```
≫≫≫
    6x
    18

동일한 코드는 아래와 같다.
```
f[x_]:=x^3;
g[x_]:=Derivative[2][f][x];
g[x]
g[3]
```

(예시2) $u(t,x) = t^2 + x^2 + \sin(tx)$ 라고 하자.

$\dfrac{\partial u}{\partial x}, \dfrac{\partial u}{\partial x}(t,x), \dfrac{\partial u}{\partial x}(t,5)$를 각각 구하는 코드는 아래와 같다.

```
u[t_,x_]:=t^2 +x^2 +Sin[t*x];
Derivative[0,1][u]
Derivative[0,1][u][t,x]
Derivative[0,1][u][t,5]
```
≫≫≫
    Cos[#1 #2] #1+2 #2&
    2 x+t Cos[t x]
    10+t Cos[5 t]

> **<보충설명>**
>
> $u(t,x) = t^2 + x^2 + \sin(tx)$ 일 때, $u_x(t,x) = 2x + t\cos(tx)$ 이다.
> Derivative[0,1][u]의 결과인 Cos[#1 #2] #1+2 #2& 는 순함수로 표현된 것이다.
> Derivative함수로 도함수의 값을 정의하는 것은 미분방정식의 경계치문제(디리클레 문제)에서 자주 사용된다.

나. 전미분

전미분은 독립변수가 하나인 함수에서의 도함수를 말한다. 다변수함수를 구성하는 모든 문자들이 하나의 독립변수에 대해 종속된 것으로 보는 것을 말한다.

매스매티카에서는 Dt함수를 아래의 형식으로 사용한다.

> ① Dt[표현식, 변수] 는 표현식을 변수로 미분하여 출력한다.
>
> ② Dt[표현식,{변수,n}] 는 표현식을 변수로 n번 미분하여 출력한다.

매스매티카에서 함수에 대한 전미분의 계산에 대해 다양한 예시를 살펴보도록 하자.

(예시1) $A = 2x - 3y$ 라 할 때, A를 t에 대해 전미분한 결과를 출력하는 코드이다.

```
A=2*x-3*y;
Dt[A,t]
```
≫≫≫
```
    2 Dt[x,t]-3 Dt[y,t]
```

(예시2) $A = \cosh(2x)$라 할 때, A를 t에 대해 전미분한 결과를 출력하는 코드이다.

```
A=Cosh[2*x];
Dt[A,t]
```
≫≫≫
```
    2 Dt[x,t] Sinh[2 x]
```

(예시3) $A = \sqrt{x(t)^2 + x'(t)^2}$ 이라고 정의할 때, A를 t에 대해 전미분한 결과를 출력하는 코드이다.

```
A=Sqrt[x[t]^2+x'[t]^2];
Dt[A,t]
```

≫≫≫

$$\frac{2x[t]\,x'[t] + 2x'[t]\,x''[t]}{2\sqrt{x[t]^2 + x'[t]^2}}$$

<보충설명>
D[A,t]도 동일한 결과를 출력한다.

(예시4) $A = f(2x(t) + 3y(t))$ 이라고 정의할 때, A를 t에 대해 전미분한 결과를 출력하는 코드이다.

```
A=f[2*x[t]+3*y[t]];
Dt[A,t]
```

≫≫≫

$$f'[2x[t] + 3y[t]]\,(2x'[t] + 3y'[t])$$

<보충설명>
D[A,t]도 동일한 결과를 출력한다.

(예시5) $A = \exp(x^2 + y(x)^2)$ 이라고 정의할 때, A를 t에 대해 전미분한 결과를 출력하는 코드이다.

```
A=Exp[x^2+(y[x])^2];
Dt[A,x]
```

≫≫≫

$$e^{x^2 + y[x]^2}\,(2x + 2y[x]\,y'[x])$$

<보충설명>
연쇄법칙에 의하면 $\dfrac{dA}{dx} = \dfrac{\partial A}{\partial x} + \dfrac{\partial A}{\partial y} \cdot \dfrac{dy}{dx}$ 이다.

(예시6) $A = f(x, t)$ 이라고 2정의할 때, A를 t에 대해 전미분한 결과를 출력하는 코드이다.

A=f[x,t];
Dt[A,t]

≫≫≫

$f^{(0,1)}[x, t] + Dt[x, t] \, f^{(1,0)}[x, t]$

<보충설명>

연쇄법칙에 의하면 $\dfrac{dA}{dt} = \dfrac{\partial f}{\partial t} + \dfrac{\partial f}{\partial x} \cdot \dfrac{dx}{dt}$ 이다.

(예시7) $A = f(x, y, z)$ 이라고 정의할 때, A를 t에 대해 전미분한 결과를 출력하는 코드이다.

A=f[x,y,z];
Dt[A,t]

≫≫≫

$Dt[z, t] \, f^{(0,0,1)}[x, y, z] + Dt[y, t] \, f^{(0,1,0)}[x, y, z] + Dt[x, t] \, f^{(1,0,0)}[x, y, z]$

2. 3차원 벡터 미분연산자

3차원 벡터 미분연산자에는 그래디언트, 다이버전스, 컬, 라플라시안 이 있다. 좌표계에 따라 벡터 미분연산의 결과는 다르게 표현되는데 각 좌표를 나타내는 특수문자는 [팔레트]-[기본수학도우미]-[조판]을 통해 입력할 수 있다.

가. 그래디언트(gradient)

그래디언트는 스칼라함수에 작용(∇f)하며 스칼라를 벡터함수로 만들어준다. 그래디언트 벡터가 향하는 방향은 스칼라값이 가장 빠르게 변하는 방향이다.

Grad함수를 사용하며 사용형식은 아래와 같다.

---
① 직교좌표계에서
Grad[스칼라,{좌표1,좌표2,좌표3}]

② 일반좌표계에서
Grad[스칼라,{좌표1,좌표2,좌표3},"좌표계"]

예시를 통해 그래디언트 연산에 대해 살펴보도록 하자.

(예시1) 직교좌표계에서 스칼라에 대한 그래디언트를 출력하는 코드이다.
Grad[f[x,y,z],{x,y,z}]

≫≫≫

$$\{f^{(1,0,0)}[x,y,z], f^{(0,1,0)}[x,y,z], f^{(0,0,1)}[x,y,z]\}$$

(예시2) 실린더좌표계에서 스칼라에 대한 그래디언트를 출력하는 코드이다.
Grad[f[r,θ,z],{r,θ,z},"Cylindrical"]

≫≫≫

$$\left\{f^{(1,0,0)}[r,\theta,z], \frac{f^{(0,1,0)}[r,\theta,z]}{r}, f^{(0,0,1)}[r,\theta,z]\right\}$$

(예시3) 구면좌표계에서 스칼라에 대한 그래디언트를 출력하는 코드이다.
Grad[f[r,θ,φ],{r,θ,φ},"Spherical"]

≫≫≫

$$\left\{f^{(1,0,0)}[r,\theta,\phi], \frac{f^{(0,1,0)}[r,\theta,\phi]}{r}, \frac{\csc[\theta]\,f^{(0,0,1)}[r,\theta,\phi]}{r}\right\}$$

(예시4) 극좌표계에서 스칼라에 대한 그래디언트를 출력하는 코드이다.
Grad[f[r,θ],{r,θ},"Polar"]

≫≫≫

$$\left\{f^{(1,0)}[r,\theta], \frac{f^{(0,1)}[r,\theta]}{r}\right\}$$

(예시5) 구면좌표계에서 스칼라 r^{-1} 에 대한 그래디언트를 출력하는 코드이다.
Grad[-1/r,{r,θ,φ},"Spherical"]

≫≫≫

$$\left\{\frac{1}{r^2}, 0, 0\right\}$$

나. 다이버전스(divergence)

다이버전스는 벡터함수에 작용하며($\nabla \cdot \vec{v}$) 벡터를 스칼라 함수로 만들어준다. 다이버전스는 벡터장의 발산 정도를 나타낸다.

Div함수를 사용하며 사용형식은 아래와 같다.

---
① 직교좌표계에서
Div[벡터,{좌표1,좌표2,좌표3}]

② 일반좌표계에서
Div[벡터,{좌표1,좌표2,좌표3},"좌표계"]

예시를 통해 다이버전스 연산에 대해 살펴보도록 하자.

(예시1) 직교좌표계에서 벡터에 대한 다이버전스를 출력하는 코드이다.
Div[{f1[x,y,z],f2[x,y,z],f3[x,y,z]},{x,y,z}]

≫≫≫

$$f3^{(0,0,1)}[x,y,z] + f2^{(0,1,0)}[x,y,z] + f1^{(1,0,0)}[x,y,z]$$

(예시2) 실린더좌표계에서 벡터에 대한 다이버전스를 출력하는 코드이다. 출력 결과는 생략한다.

```
Div[{f1[r,θ,z],f2[r,θ,z],f3[r,θ,z]},{r,θ,z},"Cylindrical"]
```
(예시3) 구면좌표계에서 벡터에 대한 다이버전스를 출력하는 코드이다. 출력 결과는 생략한다.
```
Div[{f1[r,θ,φ],f2[r,θ,φ],f3[r,θ,φ]},{r,θ,φ},"Spherical"]
```

(예시4) $\vec{v} = (x^2+y^2+z^2)^{-\frac{3}{2}}(x,y,z)$ 일 때, $\nabla \cdot \vec{v}$의 값을 출력하는 코드이다.
```
v={x,y,z}/(x^2+y^2+z^2)^(3/2);
Div[v,{x,y,z}]//Simplify
```
≫≫≫
    0

<보충설명>

이 계산 결과는 원점이 아닌 곳에서만 성립함에 유의하자.

//Simplify를 Div[]뒤에 추가하는 이유는 계산을 완결하여 간단히 표현하기 위함이다.

(예시5) $\vec{v} = \dfrac{\hat{r}}{r^2}$ 일 때(구면좌표계), $\nabla \cdot \vec{v}$의 값을 출력하는 코드이다.
```
v={1,0,0}/r^2 ;
Div[v,{r,θ,φ},"Spherical"]
```
≫≫≫
    0

<보충설명>

직교좌표계의 벡터 $\vec{v} = (x^2+y^2+z^2)^{-\frac{3}{2}}(x,y,z)$와 구면좌표계의 벡터 $\vec{v} = \dfrac{\hat{r}}{r^2}$는 동일한 벡터이다. 원점이 아닌 곳에서는 $\nabla \cdot \vec{v} = 0$ 이라고 말할 수 있다.

정리 $\oint_{\partial V} \vec{v} \cdot \vec{da} = \int_V \nabla \cdot v \, dV$ 에 의하여 V 를 중심이 원점이고 반경이 R 인 구로 잡으면

$\oint_{\partial V} \vec{v} \cdot \vec{da} = \oint_{\partial V} \dfrac{\hat{r}}{R^2} \cdot R^2 \sin\theta \, d\theta \, d\phi \, \hat{r} = 4\pi$ 이다.

따라서 $\oint_{\partial V} \vec{v} \cdot \vec{da} = 4\pi = \int_V \nabla \cdot v \, dV$ 이므로

$4\pi = \int_V 4\pi \delta(x)\delta(y)\delta(z) dx\,dy\,dz = \int_V 4\pi \delta^3(\vec{r}) dV$ 에서

$\nabla \cdot v = 4\pi \delta^3(\vec{r})$ 라고 결론내릴 수 있다.

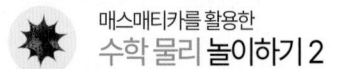

다. 컬(curl)

컬은 벡터함수를 다른 벡터함수로 만들어주는데($\nabla \times \vec{v}$) 벡터장이 회전하는 방향과 세기에 관한 정보를 알려준다. Curl함수를 사용하며 사용형식은 아래와 같다.

---
① 직교좌표계에서

Curl[벡터,{좌표1,좌표2,좌표3}]

---
② 일반좌표계에서

Curl[벡터,{좌표1,좌표2,좌표3},"좌표계"]

예시를 통해 다이버전스 연산에 대해 살펴보도록 하자.

(예시1) 직교좌표계에서 벡터에 대한 컬을 출력하는 코드이다.
```
Curl[{f1[x,y,z],f2[x,y,z],f3[x,y,z]},{x,y,z}]
```
≫≫≫

$\{-f2^{(0,0,1)}[x,y,z]+f3^{(0,1,0)}[x,y,z],$
$f1^{(0,0,1)}[x,y,z]-f3^{(1,0,0)}[x,y,z], -f1^{(0,1,0)}[x,y,z]+f2^{(1,0,0)}[x,y,z]\}$

(예시2) 실린더좌표계에서 벡터에 대한 컬을 출력하는 코드이다. 출력 결과는 생략한다.
```
Curl[{f1[r,θ,z],f2[r,θ,z],f3[r,θ,z]},{r,θ,z},"Cylindrical"]
```

(예시3) 구면좌표계에서 벡터에 대한 컬을 출력하는 코드이다. 출력 결과는 생략한다.
```
Curl[{f1[r,θ,φ],f2[r,θ,φ],f3[r,θ,φ]},{r,θ,φ},"Spherical"]
```

(예시4) z축을 중심으로 일정한 각속도로 회전하는 입자의 속도에 대한 컬 $\nabla \times \vec{v}$ ($\vec{v}=\vec{w}\times\vec{r}$)을 출력하는 코드이다.

```
vecw={0,0,w}; vecr={x,y,z};
vel=Cross[vecw,vecr]
reccurl=Curl[vel,{x,y,z}]
```
≫≫≫

```
        {-w y, w x, 0}
        {0, 0, 2 w}
```

> **<보충설명>**
> 두 벡터 $\vec{u}, \vec{v}$ 의 외적을 매스매티카에서 계산할 때는 다음과 같이 코딩할 수 있음을 참고하자.
> u={a,b,c}; v={x,y,z};
> Cross[u,v]
> ≫≫≫
> {-c y+b z,c x-a z,-b x+a y}

(예시5) z축을 중심으로 일정한 각속도로 회전하는 입자의 속도에 대한 컬 $\nabla \times \vec{v}$ ($\vec{v} = \vec{w} \times \vec{r}$)을 출력하는 코드를 실린더 좌표계에서 나타내면 아래와 같다.

```
vecw={0,0,w}; vecr={r,0,0};
vel=Cross[vecw,vecr]
reccurl=Curl[vel,{r,θ,z},"Cylindrical"]
```
≫≫≫
```
        {0,r w,0}
        {0,0,2 w}
```

라. 라플라시안(laplacian)

라플라시안은 스칼라 함수를 스칼라로 만들어주는데($\nabla^2 f$) 라플라시안은 스칼라로 생성된 벡터장 함수가 In/Out의 의미에서 균일하게 흐르는지 알려준다. 라플라시안의 값이 0이면 그 점에서의 벡터의 각 성분은 그 점 근방에서의 벡터의 각 성분의 평균이 됨을 의미한다.

Laplacian 함수를 사용하며 사용형식은 아래와 같다.

> ① 직교좌표계에서
> Laplacian[스칼라,{좌표1,좌표2,좌표3}]
> ② 일반좌표계에서
> Laplacian[스칼라,{좌표1,좌표2,좌표3},"좌표계"]

예시를 통해 라플라시안 연산에 대해 살펴보도록 하자.

(예시1) 직교좌표계에서 스칼라에 대한 라플라시안을 출력하는 코드이다.
Laplacian[f[x,y,z],{x,y,z}]

≫≫≫

$$f^{(0,0,2)}[x,y,z] + f^{(0,2,0)}[x,y,z] + f^{(2,0,0)}[x,y,z]$$

(예시2) 실린더좌표계에서 스칼라에 대한 라플라시안을 출력하는 코드이다. 출력 결과는 생략한다.
Laplacian[f[r,θ,z],{r,θ,z},"Cylindrical"]

(예시3) 구면좌표계에서 스칼라에 대한 라플라시안을 출력하는 코드이다. 출력 결과는 생략한다.
Laplacian[f[r,θ,ϕ],{r,θ,ϕ},"Spherical"]

3. 그래프 및 도형 함께 표시하기

가. 그래프 함께 표시하기

그래프를 한 좌표평면에 표시하여 서로 다른 그래프를 비교할 필요가 있는데 이를 위해 Show[{그래프들}]의 꼴로 표시하되 그래프의 순서에 유의해야 한다.

그래프는 보통 Plot이나 ParametricPlot 함수를 사용하여 나타낸다.

(1) Plot그래프를 함께 표시하기

두 개 이상의 Plot 그래프를 함께 표시해보자.

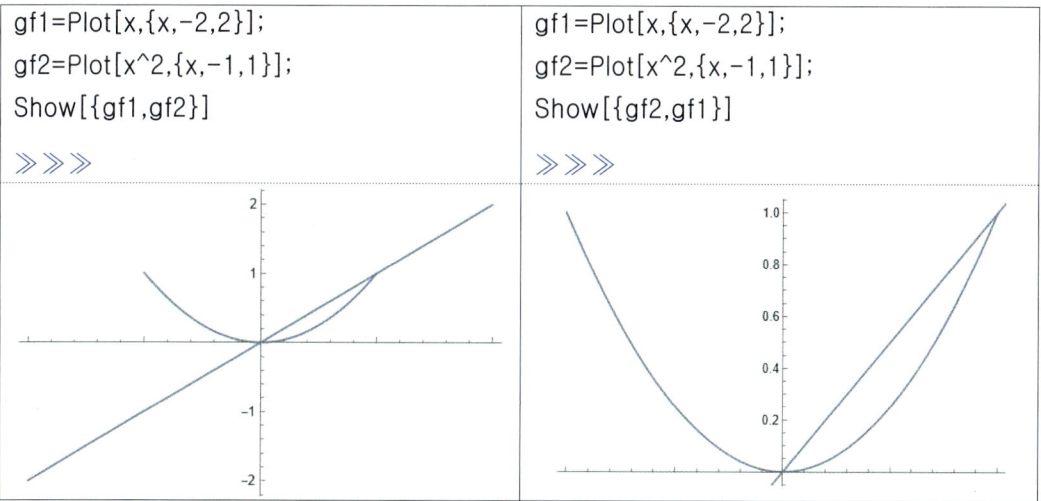

<보충설명>

Plot을 사용한 그래프를 다중으로 표시할 때는 먼저 출력된 그래프가 가로와 세로의 비가 황금비가 되도록 기본 틀로 고정이 된다. 이후 추가된 그래프를 기본틀(범위)에 하나씩 얹어서 출력하게 되기에 추가된 그래프는 코딩 제작자의 의도와는 달리 일부만 출력될 수도 있음에 유의하자.

두 개 이상의 Plot그래프를 함께 표시할 때에는 각 Plot의 독립변수의 범위를 같도록 정하는 것이 추후 두 Plot 그래프를 함께 출력하였을 때 보기가 좋다.

(2) ParametricPlot 그래프를 함께 표시하기

두 개 이상의 ParametricPlot 그래프를 함께 표시해보자.

이 때는 매개변수함수에서 독립변수의 범위가 동일해야만 한다는 것에 유의해야 한다.
gf1=ParametricPlot[{x,Sin[x]},{x,-2,2}];
gf2=ParametricPlot[{x,Cos[x]},{x,-2,2}];
Show[{gf1,gf2}]

≫≫≫

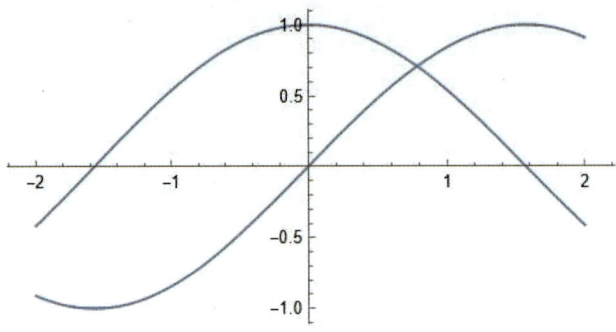

<보충설명>

Plot을 사용한 그래프를 다중으로 표시할 때는 먼저 출력된 그래프가 가로와 세로의 비가 황금비가 되도록 기본틀로 고정이 된다. 이후 추가된 그래프를 기본틀(범위)에 하나씩 얹어서 출력하게 되기에 추가된 그래프는 코딩 제작자의 의도와는 달리 일부만 출력될 수도 있음에 유의하자.

나. 도형 함께 표시하기

도형을 여러 개 함께 표시할 때는 Show[Graphics[{도형들}]]의 꼴로 표시하되 도형의 순서에 유의해야 한다.

　$(0,0)$이 중심이고 반지름이 2인 빨간색 원 gf3와

　$(0,0)$이 중심이고 반지름이 4인 파란색 원 gf4를 한 평면에 동시에 표시하고 싶다. 이 때는 두 도형을 시연하는 순서에 따라 출력되는 결과가 다르다. 아래의 코드를 살펴보자.
gf3={Red,Disk[{0,0},2]};
gf4={Blue,Disk[{0,0},4]};
Show[Graphics[{gf4,gf3},Axes->True]]

≫≫≫

매스매티카의 여러 함수 기능 익히기

<보충설명>

중심이 원점이고 반지름이 4인 파란색 원을 먼저 그린 후에 중심이 원점이고 반지름이 2인 빨간색 원을 그 위에 그린 것이다.

gf3={Red,Disk[{0,0},2]};
gf4={Blue,Disk[{0,0},4]};
Show[Graphics[{gf3,gf4},Axes->True]]
≫≫≫

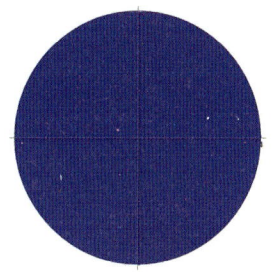

<보충설명>

중심이 원점이고 반지름이 2인 붉은 원을 먼저 그린 후에 중심이 원점이고 반지름이 4인 원을 그 위에 그려서 작은 원이 큰 원에 완전히 덮여서 보이지 않는다.

Show[Graphics[{{도형들}}]]을 사용하여 도형을 함께 표시할 때는 입력된 도형의 순서대로 도형을 위로 덮어서 출력하므로 도형을 한 좌표평면에 함께 출력할 때는 도형의 일부만 출력될 수도 있다는 것에 유의하자.

다. Grid를 이용한 격자 그래픽

Grid를 사용하면 여러 종류의 그래픽을 격자 형태로 배열할 수 있다.

예를 들어서 Grid[{{a,b,c}, {x,y,z}}]를 입력하면 결과는 아래와 같다.

```
In[1]:= Grid[{{a, b, c}, {x, y, z}}]
        격자

Out[1]= a b c
        x y z
```

(1) 2행 1열로 나타내는 경우

A1A2
B1B2

여러 도형을 2행 1열의 격자에 나타내고 싶을 때는 아래의 방법으로 코드를 작성할 수 있다.

〈2행 1열의 그래픽 표현 방법〉
① Grid[{{Show[Graphics[{A1,A2}]]},{Show[Graphics[{B1,B2}]]}}]
② Grid[{{Show[{Graphics[A1],Graphics[A2]}]}, {Show[Graphics[{B1,B2}]]}}]

A1={Red,Disk[{0,0},4]}; A2={Blue,Disk[{0,0},3]};
B1={Yellow,Disk[{0,0},2]}; B2={Red,Disk[{0,0},1]};
Grid[{{Show[Graphics[{A1,A2}]]},{Show[Graphics[{B1,B2}]]}}]

≫ ≫ ≫

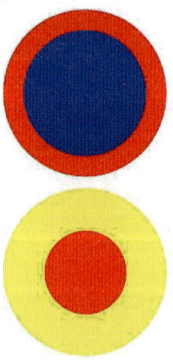

동일하게 코드하면 아래와 같다.

A1=Graphics[{Red,Disk[{0,0},4]}];
A2=Graphics[{Blue,Disk[{0,0},3]}];
B1=Graphics[{Yellow,Disk[{0,0},2]}];
B2=Graphics[{Red,Disk[{0,0},1]}];
Grid[{{Show[{A1,A2}]},{Show[{B1,B2}]}}]

(2) 1행 2열로 나타내는 경우

A1A2	B1B2

여러 도형을 1행 2열의 격자에 나타내고 싶을 때는 아래의 방법으로 코드를 작성할 수 있다.

〈1행 2열의 그래픽 표현 방법〉

① Grid[{{Show[{Graphics[{A1,A2}]}],Show[Graphics[{B1,B2}]]}}]

② Grid[{{Show[{Graphics[A1],Graphics[A2]}],
Show[Graphics[{B1,B2}]]}}]

A1={Red,Disk[{0,0},3]};
A2={Yellow,Rectangle[{-1,-1},{1,1}]};
B1={Green,Disk[{0,0},3]};
B2={Blue,Rectangle[{-1,-1},{1,1}]};
Grid[{{Show[{Graphics[{A1,A2}]}],Show[Graphics[{B1,B2}]]}}]

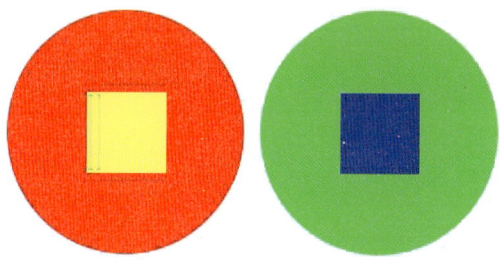

동일한 코드는 아래와 같다.
A1=Graphics[{Red,Disk[{0,0},3]}];
A2=Graphics[{Yellow,Rectangle[{-1,-1},{1,1}]}];
B1=Graphics[{Green,Disk[{0,0},3]}];
B2=Graphics[{Blue,Rectangle[{-1,-1},{1,1}]}];
Grid[{{Show[{A1,A2}],Show[{B1,B2}]}}]

(3) 2행 2열로 나타내는 경우

A1A2	B1B2
C	D

여러 도형을 2행 2열의 격자에 나타내고 싶을 때는 아래의 방법으로 코드를 작성할 수 있다.

⟨2행 2열의 그래픽 표현 방법⟩
Grid[{{Show[{Graphics[{A1,A2}]}],Show[Graphics[{B1,B2}]]},{Show[Graphics[C]],Show[Graphics[D]] }}]

A1={Red,Disk[{0,0},1]};
A2={Blue,Rectangle[{-0.5,-0.5},{0.5,0.5}]};
B1=Polygon[{{0,0},{0,0.5},{0.5,0.5},{0.5,0}}];
B2=Line[{{0.25,0.5},{0.25,0.75}}];
S=Text[Style["circle and rectangle",15],{0,0}];
T=Text[Style["polygon,line",20],{0,0}];
Grid[{{Show[{Graphics[{A1,A2}]}],Show[Graphics[{B1,B2}]]},{Show[Graphics[S]],Show[Graphics[T]]}}]

≫ ≫ ≫

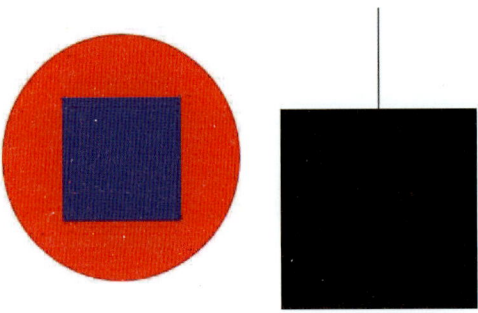

동일한 코드는 아래와 같다.

A1=Graphics[{Red,Disk[{0,0},1]}];
A2=Graphics[{Blue,Rectangle[{-0.5,-0.5},{0.5,0.5}]}];
B1=Graphics[Polygon[{{0,0},{0,0.5},{0.5,0.5},{0.5,0}}]];
B2=Graphics[Line[{{0.25,0.5},{0.25,0.75}}]];
S=Graphics[Text[Style["circle and rectangle",15],{0,0}]];
T=Graphics[Text[Style["polygon,line",20],{0,0}]];
Grid[{{Show[{A1,A2}],Show[{B1,B2}]},{Show[S],Show[T]}}]

⟨보충설명⟩
만약 격자평면에 테두리를 씌워서 그래픽을 구분하고자 할 때는 Grid[{{A,B},{C,D}},Frame->All]로 옵션을 추가한다.

4. 그래프의 동영상 만들기

변수가 변화하면서 그래프가 변화하는 영상을 구현하는 것은 운동하는 물체의 변화를 나타내는 데 유용하다. 동적변수를 활용하여 동영상을 구현하는 것은 Manipulate함수를 사용한다. 이 함수의 주요한 사용 방법은 아래와 같다.

〈Manipulate 함수 사용 방법〉
① Manipulate[표현식,{a,a1,a2}]는 동적변수a가 [a1,a2]에서 변할 때 표현식의 변화를 실시간 출력
② Manipulate[표현식,{a,a1,a2,Appearance->"Labeled"}]는 동적변수a가 [a1,a2]에서 변할 때 표현식의 변화를 동적변수 a의 값과 함께 실시간 출력
③ Manipulate[표현식,{a,a1,a2,da}]는 동적변수a가 [a1,a2]에서 증분 da로 변할 때 표현식의 변화를 실시간 출력
④ Manipulate[표현식,{{a,a0},a1,a2,da}]는 동적변수a가 초기값이 a0로 설정된 채로 [a1,a2]에서 증분 da로 변할 때 표현식의 변화를 실시간 출력
⑤ Manipulate[표현식,{{a,a1},{a0,a1,a2,a3}}]는 동적변수a가 초기값이 a1로 설정된 채로 {a0,a1,a2,a3}의 값을 버튼식으로 선택할 때 표현식의 변화를 실시간 출력
⑥ Manipulate[표현식,{a,a1,a2},{b,b1,b2}]는 동적변수a는 [a1,a2]에서 변하고 동적변수b는 [b1,b2]에서 변할 때 표현식의 변화를 실시간 출력

가. 그래프의 동영상

그래프의 동영상을 제작하는 이유는 시간변수에 따른 변화를 알고자 할 때 유용한데 하나의 예시를 아래에 제시한다.

(예시) 매개변수 t가 $-2\pi \leq t \leq 2\pi$를 만족할 때, 함수 $y = \sin(x-t)$ $(-2\pi \leq x \leq 2\pi)$의 그래프를 t값에 따라 실시간으로 출력하고자 한다. 코드는 아래와 같다.

Manipulate[Plot[Sin[x-t],{x,-2*Pi,2*Pi},PlotRange->{All,{-2,2}}],{t,-2Pi,2Pi}]

≫≫≫

매스매티카를 활용한
수학 물리 놀이하기 2

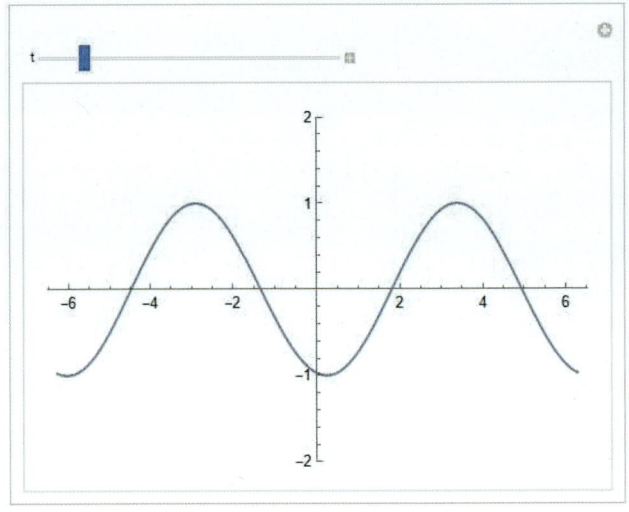

이제 사인함수의 예를 통해 다양하게 조건을 주어서 그래프의 동영상을 제작해보도록 하자.

(1) 기본방법

매개변수 a가 $-2 \leq a \leq 2$를 만족할 때, 함수 $y = a\sin x$ $(-2\pi \leq x \leq 2\pi)$의 그래프를 a값에 따라 실시간으로 출력하고자 한다. 코드는 아래와 같다.

```
Manipulate[Plot[a*Sin[x],{x,-2*Pi,2*Pi},PlotRange->{All,{-2,2}}],{a,-2,2}]
```

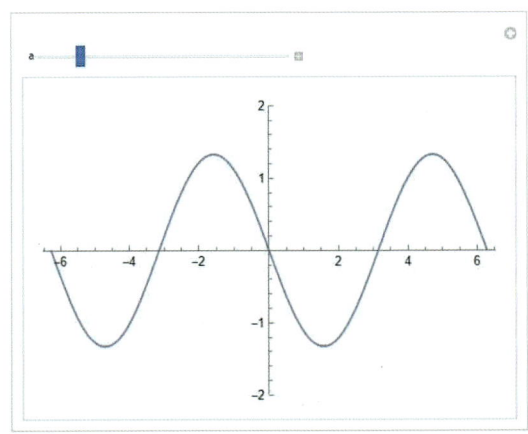

<보충설명>

PlotRange를 지정하지 않으면 그래프가 a값에 따라 비율조정이 되면서 나타나므로 변하는 모습을 관찰하기에 좋지 않아 PlotRange를 조정하는 게 적합하다.

매스매티카의 여러 함수 기능 익히기

(2) 실시간 함수식 표기

매개변수 a가 $-2 \leq a \leq 2$ 를 만족할 때, 함수 $y = a\sin x$ $(-2\pi \leq x \leq 2\pi)$의 그래프와 함수의 방정식을 a값에 따라 실시간으로 함께 출력하고자 한다. 코드는 아래와 같다.

Manipulate[Plot[a*Sin[x],{x,-2*Pi,2*Pi},PlotRange->{All,{-2,2}},Prolog->{Text[Style[Row[{"y=",a,"Sin[x]"}]],{1.5,1}]}],{a,-2,2}]

≫≫≫

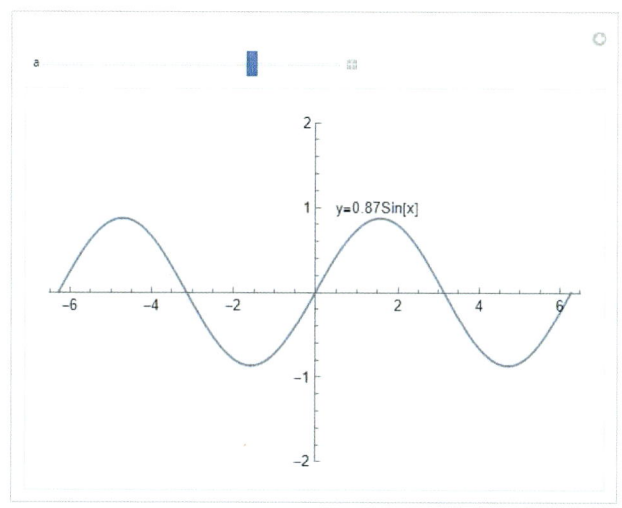

<보충설명>

PlotRange->{All,{-2,2}}를 생략해도 무방하나 생략시는 a값에 따라 y축의 비율이 계속 변하므로 보기가 상당히 좋지 않으니 유의하자. 여기서 All은 Plot에서 지정한 x범위인 [-2Pi,2Pi]를 의미한다. PlotRange->{{-3Pi,3Pi},{-2,2}}로 설정시에는 [-3Pi,3Pi]중 [-2Pi,2Pi]에서만 그래프가 시연되고, 나머지 범위에서는 공백으로 나오니까 보기 안 좋으니 범위를 설정할 때는 유의하자.

Manipulate 함수 사용시는 PlotRange를 통해 시연되는 x, y의 범위를 명확히 정해주지 않으면 동적변수에 따라 그래프의 비율이 흔들리므로 가시성이 떨어지는 관계로 x, y 범위를 명확히 정해주는 것이 바람직하다.

그래프 Plot에 prolog->{Text[Style[Row[{"글자1",n(연산결과),"글자2"}]],{a,b}]}를 첨가하면 그래프 plot과 함께 {글자1 + n의 연산결과 + 글자2 }가 (a,b)의 위치에 출력된다.

위와 동일한 코드를 아래에 제시한다.

Manipulate[Plot[a*Sin[x],{x,-2*Pi,2*Pi},PlotRange->{All,{-2,2}},Prolog->{Text[Style[Row[{"y="<>ToString[a]<>"Sin[x]"}]],{1.5,1}]}],{a,-2,2}]

<보충설명>

ToString[a]<>ToString[b]<>ToString[c]는

표현식a 표현식b 표현식c가 연속으로 나타내어진 문자열을 의미한다.

매스매티카를 활용한
수학 물리 놀이하기 2

```
Manipulate[Plot[a*Sin[x],{x,-2*Pi,2*Pi},PlotRange->{All,{-2,2}},
PlotLabel->Style["y="<>ToString[a]<>"Sin[x]"]],{a,-2,2}]
```

> **<보충설명>**
> PlotLabel 옵션은 그래프 식을 표기할 때 사용되기도 하지만 식의 위치를 조정할 수 없다. PlotLabel 옵션은 변수에 따른 그래프를 Table을 사용하여 그래프 테이블을 출력할 때 사용하면 편리하다. Style[이하, 색상,FontSize->n] 혹은 Style[이하,색상,n]으로 출력되는 글자크기(n)와 색상을 조정할 수 있다.

```
Manipulate[Show[Plot[a*Sin[x],{x,-2*Pi,2*Pi},PlotRange->{All,{-2,2}}],
Graphics[Text[Style[Row[{"y=",a,"Sin[x]"}]],{1,1.5}]]],{a,-2,2}]
```

> **<보충설명>**
> 보통 plot의 근방에 그래프의 식을 함께 표기하고자 할 때는 prolog를 Plot의 옵션으로 사용하기도 하지만 Graphics로 그래프 식을 함께 표기할려면 Show[Plot, Graphics[Text]] 으로 코딩해도 된다.

(3) 실시간 동적변수 표기

매개변수 a가 $-2 \leq a \leq 2$를 만족할 때, 함수 $y=a\sin x$ $(-2\pi \leq x \leq 2\pi)$의 그래프와 슬라이더 바 옆에 a값을 실시간으로 함께 출력하고자 한다.

이 때는 동적변수의 범위와 함께 기존 코드에 {Appearance->"Labeled"} 옵션을 추가한다.

코드는 아래와 같다.

```
Manipulate[Plot[a*Sin[x],{x,-2*Pi,2*Pi},PlotRange->{All,{-2,2}}],
{a,-2,2,Appearance->"Labeled"}]
```

≫≫≫

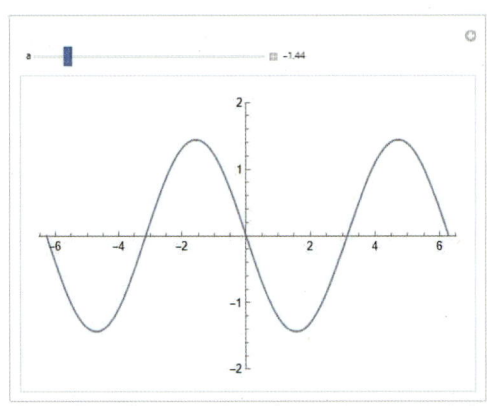

(4) 동적변수의 증분 지정

매개변수 a가 $-2 \leq a \leq 2$를 만족하며 0.2 씩 증가할 때

함수 $y = a\sin x \ (-2\pi \leq x \leq 2\pi)$의 그래프와 슬라이더 바 옆에 a값을 실시간으로 함께 출력하고자 한다. 코드는 아래와 같다.

```
Manipulate[Plot[a*Sin[x],{x,-2*Pi,2*Pi},PlotRange->{All,{-2,2}}],
{a,-2,2,0.2,Appearance->"Labeled"}]
```

≫≫≫

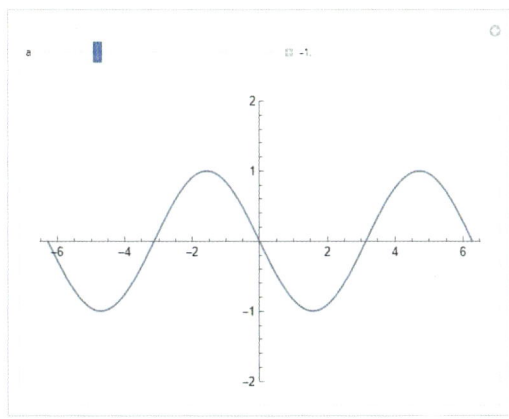

만약 a값이 0.4를 시작값으로 조정하는 조건을 추가하고 싶다면 아래와 같이 코딩할 수 있다.
```
Manipulate[Plot[a*Sin[x],{x,-2*Pi,2*Pi},PlotRange->{All,{-2,2}}],
{{a,0.4},-2,2,0.2,Appearance->"Labeled"}]
```

≫≫≫

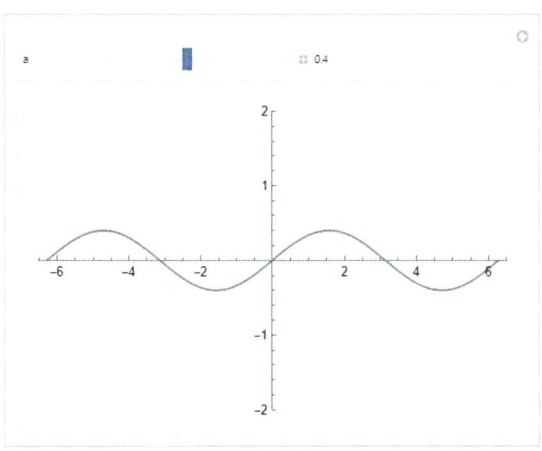

(5) 동적변수의 값을 유한하게 지정

일반적으로 동적변수는 슬라이더를 통해 그 값을 조절하는데 그 값을 미세하게 조절하는 것이 쉽지도 않으며 동적변수에 따른 변화를 미세하게 관찰할 필요가 없을 때는 동적변수가 유한개의 값만을 가질 수 있도록 조정할 필요가 있다.

매개변수 a가 초기값을 -2로 설정하고 초기값이 될 수 있는 값이 $\{-2, -1, 0, 1, 2\}$로서 5개만 있을 때 함수 $y = a\sin x \ (-2\pi \leq x \leq 2\pi)$의 그래프를 실시간으로 함께 출력하고자 한다. 코드는 아래와 같다.

```
Manipulate[Plot[a*Sin[x],{x,-2*Pi,2*Pi},PlotRange->
{All,{-2,2}}],{{a,-2},{-2,-1,0,1,2}}]
```

≫≫≫

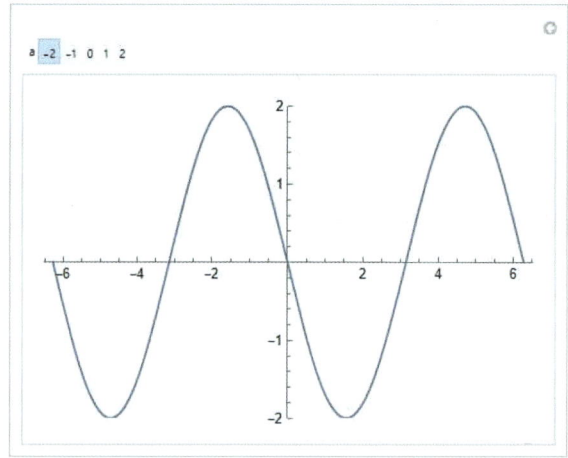

<보충설명>

a값을 -2를 시작값으로 하여 유한개 리스트에서 지정하여 선택할 때는 Appearance->"Labeled"를 사용해도 되지만 사용하지 않는 것이 더 편리하다.

나. 함수와 변수를 직접 입력하는 그래프

함수와 정의역의 아래끝과 위끝을 입력하면 그래프를 실시간으로 시연하는 것 또한 가능하다. 예시를 통해 살펴보자.

(예시1) 함수 f에 대하여 정의역의 아래끝과 위끝을 각각 $x1$, $x2$라고 할 때 조건에 맞는 함수를 시연하는 코드이다. 단, $x1$과 $x2$의 초기값을 각각 -2π, 2π라고 편의상 정하였다.

```
Manipulate[Plot[f,{x,x1,x2}],{f},{x1,-2Pi},{x2,2Pi}]
```

≫≫≫

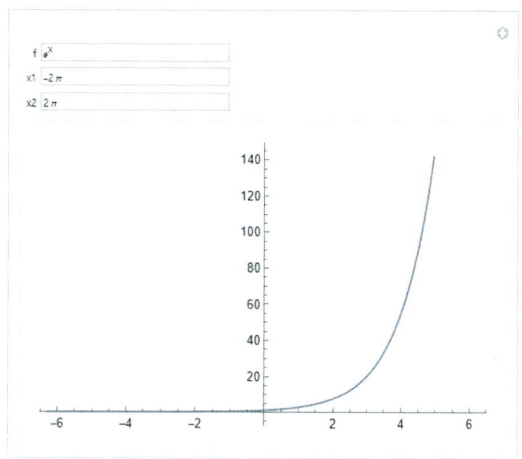

<보충설명>

함수 e^x 은 Exp[x] 혹은 E^x 라고 입력해야 한다.

(예시2) 함수 f에 대하여 정의역의 아래끝과 위끝을 각각 0, a 라고 할 때 조건에 맞는 함수를 시연하는 코딩이다. a는 $0.1 \leq a \leq 20$ 을 만족하면서 변하고 초기값은 0.1 로 정하였고 함수 f 는 $\sin x$로 초기 설정하였다.

Manipulate[Plot[f,{x,0,a},PlotRange->{{0,20},{-2,2}}],
{f,Sin[x]},{{a,0.1},0.1,20,Appearance->"Labeled"}]

≫≫≫

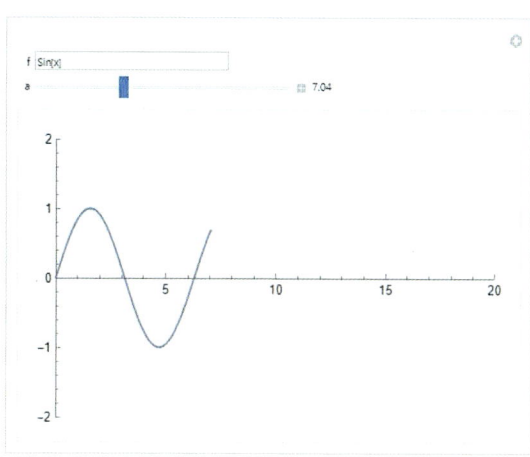

다. 사인함수 위를 움직이는 점의 동영상

사인함수의 그래프 위를 움직이는 점을 동영상으로 표현하고자 한다.
코드는 아래와 같다.

```
Manipulate[Plot[{Sin[t]},{t,0,3*Pi},Epilog->
{RGBColor[1,0,0],PointSize[0.03],Point[{r,Sin[r]}]},
Ticks->{{0,Pi,2Pi,3Pi},{-1,0,1}}],{r,0,3Pi,0.1Pi,Appearance->"Labeled"}]
```

≫ ≫ ≫

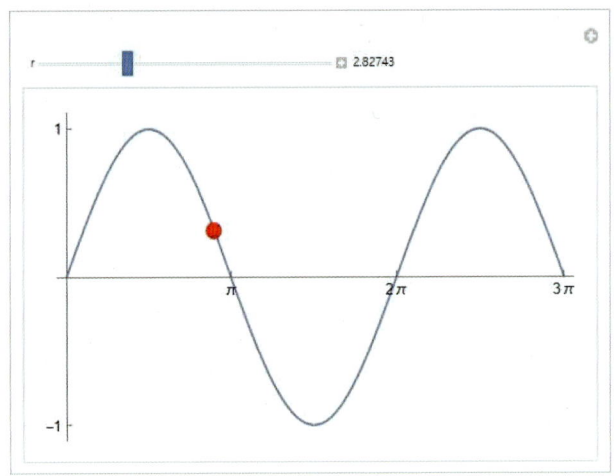

<보충설명>

Epilog->{RGBColor[1,0,0] 부분을 Epilog->{Red 로 고쳐도 동일한 결과가 나온다.
Red는 RGBColor[1,0,0], Green은 RGBColor[0,1,0], Blue는 RGBColor[0,0,1] 와 같다.
Plot[A,Epilog->B]는 그래프 A를 그린 후 B를 덮어그릴 때 사용한다.
Plot[A,Prolog->B]는 B를 그린 후 그래프 A를 덮어그릴 때 사용한다.

아래는 위 코드와 유사한 결과를 출력하는 코드이다.

```
Manipulate[Show[ParametricPlot[{t,Sin[t]},{t,0,3Pi}],
Graphics[{Red,Disk[{r,Sin[r]},0.2]}]],{r,0,3Pi,0.1Pi,Appearance->"Labeled"}]
```

≫ ≫ ≫

매스매티카의 여러 함수 기능 익히기

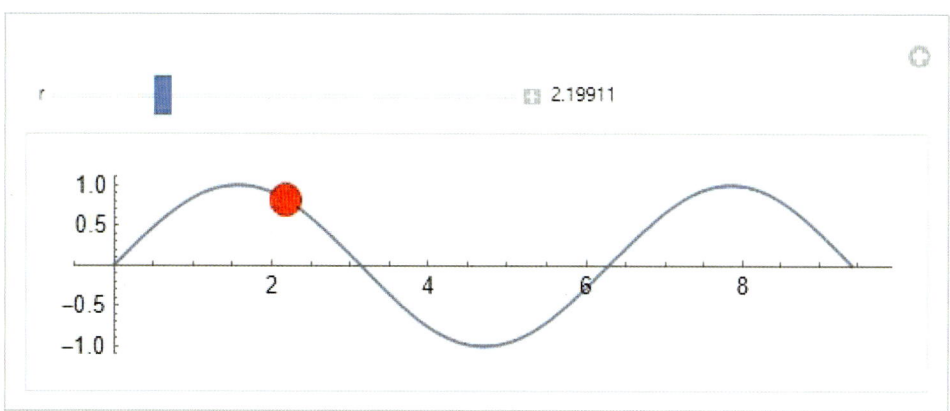

<보충설명>

위에서는 Manipulate에 대한 표현식이 Show[ParametricPlot,Graphics]인데 그래프는 Graphics로 표현할 수 없다는 것에 유의하자. 그리고 좌표평면에서 원(혹은 작은 점)을 표현할 때는 Point보다 Disk를 활용하는 것이 편리하다. Disk함수는 중심이 (a,b)이고 반경이 r 일 때 Disk[{a,b},r]로 표현한다.

위의 Graphics[{Red,Disk[{r,Sin[r]},0.2]}] 는

Graphics[{Red,PointSize[0.04],Point[{r,Sin[r]}]}] 로 대체가능하다.

<참고: 미분 및 적분 공식>

1. 역쌍곡함수의 정의

(1) $\sinh^{-1} x = \ln\|x + \sqrt{x^2+1}\|$
(2) $\cosh^{-1} x = \ln\|x + \sqrt{x^2-1}\|$ $(x \geq 1)$
(3) $\tanh^{-1} x = \dfrac{1}{2} \ln\|\dfrac{1+x}{1-x}\|$

2. 역삼각함수와 역쌍곡함수의 미분공식

(1) $(\sin^{-1} x)' = \dfrac{1}{\sqrt{1-x^2}}$	(2) $(\cos^{-1} x)' = \dfrac{-1}{\sqrt{1-x^2}}$
(3) $(\tan^{-1} x)' = \dfrac{1}{1+x^2}$	(4) $(\sec^{-1} x)' = \dfrac{1}{x\sqrt{x^2-1}}$
(5) $(\csc^{-1} x)' = \dfrac{-1}{x\sqrt{x^2-1}}$	(6) $(\sinh^{-1} x)' = \dfrac{1}{\sqrt{1+x^2}}$
(7) $(\cosh^{-1} x)' = \dfrac{1}{\sqrt{x^2-1}}$	(8) $(\tanh^{-1} x)' = \dfrac{1}{1-x^2}$ $= \dfrac{1}{2}\{\dfrac{1}{1-x} + \dfrac{1}{1+x}\}$

3. 여러 가지 함수의 적분테이블

(1) $\int \dfrac{dx}{x^2+k^2} = \dfrac{1}{k}\tan^{-1}\dfrac{x}{k}$	(2) $\int \dfrac{dx}{\sqrt{k^2-x^2}} = \sin^{-1}\dfrac{x}{k}$
(3) $\int \dfrac{dx}{\sqrt{x^2+A}} = \ln\|x+\sqrt{x^2+A}\|$	(4) $\int \dfrac{dx}{x\sqrt{x^2-k^2}} = \dfrac{1}{k}\sec^{-1}\dfrac{x}{k}$ $= \dfrac{1}{k}\tan^{-1}\sqrt{\dfrac{x^2}{k^2}-1}$
(5) $\int \dfrac{dx}{\sqrt{x^2-k^2}} = \cosh^{-1}\dfrac{x}{k}$	(6) $\int \dfrac{dx}{k^2-x^2} = \dfrac{1}{k}\tanh^{-1}\dfrac{x}{k}$ $= \dfrac{1}{2k}\ln\left\|\dfrac{k+x}{k-x}\right\|$
(7) $\int \sec x\,dx = \ln\|\sec x+\tan x\|$ $= \dfrac{1}{2}\ln\left\|\dfrac{1+\sin x}{1-\sin x}\right\| = \tanh^{-1}(\sin x)$ $= \ln\left\|\dfrac{1+\tan\dfrac{x}{2}}{1-\tan\dfrac{x}{2}}\right\| = 2\tanh^{-1}(\tan\dfrac{x}{2})$ $= \ln\left\|\tan\left(\dfrac{x}{2}+\dfrac{\pi}{2}\right)\right\|$	(8) $\int \csc x\,dx = \ln\|\csc x-\cot x\|$ $= \dfrac{1}{2}\ln\left\|\dfrac{1-\cos x}{1+\cos x}\right\|$ $= \ln\left\|\tan\left(\dfrac{x}{2}\right)\right\|$
(9) $\int \dfrac{dx}{a+b\cos x} = \int \dfrac{2dt}{a+b+(a-b)t^2}$ $(a,b>0)$ $\tan\dfrac{x}{2}=t,\ \cos x=\dfrac{1-t^2}{1+t^2},\ \sin x=\dfrac{2t}{1+t^2},\ dx=2\dfrac{dt}{1+t^2}$ 이므로 (가) $a>b$ $\dfrac{2}{\sqrt{a^2-b^2}}\tan^{-1}\left(\dfrac{a-b}{a+b}\tan\dfrac{x}{2}\right)$ (나) $a<b$ $\dfrac{1}{\sqrt{b^2-a^2}}\ln\left(\dfrac{\sqrt{b+a}+\sqrt{b-a}\tan\dfrac{x}{2}}{\sqrt{b+a}-\sqrt{b-a}\tan\dfrac{x}{2}}\right)$	

<참고자료 및 문헌>

이장훈(2012)(Mathematica GuideBook,교우사)

이장훈, 황지원 외(2019)(기본에 충실한 Mathematica 입문, 교우사)

박종안 외(2007)(이산수학,경문사)

Peitgen 외(1991)(Fractals for the Classroom, 신인선 외 옮김,경문사)

김원경 외(2022)(고등학교 확률과 통계(4쇄),비상)

이상구 외(1998)(선형대수학과 응용, 경문사)

이상구 외(2020)(인공지능을 위한 기초수학 입문,경문사)

윤경원(2013)(페르마점을 활용한 수학-과학 통합수업에서 학생들의 수학적 사고,한국교원대학교 대학원 석사학위논문)

오언정(2006)(보간다항식과 Bernstein 다항식의 비교,인제대학교 교육대학원 석사학위논문)

김용태(1999)(미분방정식 원론, 교우사)

Adam E.Parker(2022)(Runge-Kutta4(and other numerical methods for ODE's))

Jerry B. Marion, Stephen T.Thornton(1995)(CLASSICAL DYNAMICS OF PARTICLES AND SYSTEMS(4th), Saunders College Publishing)

William E.Boyce, Richard C.DiPrima(2001)(Elementary Differential Equations and Boundary Value Problems(7th),John Wiley&Sons,Inc)

J.Oprea(2003)(Geodesics on a Cone)

M. Himmelstrand, Victor Wilen(2013)(A Survey of Dynamical Billiards)

손상호(2022)(두 개의 수레바퀴 기초편, 이엔엠)

https://ko.wikipedia.org/wiki/포락선

https://ko.wikipedia.org/wiki/푸리에_변환

https://ko.wikipedia.org/wiki/오일러-라그랑주_방정식

https://en.wikipedia.org/wiki/Gamma_function

<Wolfram Demonstrations Project 코드 참고>

Stephen Wilkerson

"An Oscillating Pendulum"

http://demonstrations.wolfram.com/AnOscillatingPendulum/

Wolfram Demonstrations Project